Subhabrata Mishra
Sikata Samantaray
Debendra Das

Aplicação de nanofluidos em bombas de calor

Subhabrata Mishra
Sikata Samantaray
Debendra Das

Aplicação de nanofluidos em bombas de calor

Conceção e análise de desempenho

ScienciaScripts

Imprint

Any brand names and product names mentioned in this book are subject to trademark, brand or patent protection and are trademarks or registered trademarks of their respective holders. The use of brand names, product names, common names, trade names, product descriptions etc. even without a particular marking in this work is in no way to be construed to mean that such names may be regarded as unrestricted in respect of trademark and brand protection legislation and could thus be used by anyone.

Cover image: www.ingimage.com

This book is a translation from the original published under ISBN 978-620-7-64710-1.

Publisher:
Sciencia Scripts
is a trademark of
Dodo Books Indian Ocean Ltd. and OmniScriptum S.R.L publishing group

120 High Road, East Finchley, London, N2 9ED, United Kingdom
Str. Armeneasca 28/1, office 1, Chisinau MD-2012, Republic of Moldova, Europe
Printed at: see last page
ISBN: 978-620-7-67346-9

Aplicação de nanofluidos em bombas de calor

Conceção e análise de desempenho

Por

Subhabrata Mishra

Sikata Samantaray

Debendra Kumar Das

SOBRE OS AUTORES

Subhabrata Mishra obteve o grau de bacharel em Engenharia Mecânica pela Universidade de Tecnologia Biju Pattanaik, Odisha, Índia (2014), e o grau de mestre em Engenharia Mecânica pela Universidade Siksha 'O' Anusandhan Deemed (2018). Está a prosseguir o seu doutoramento em Ciências da Engenharia no âmbito da Academia de Investigação Científica e Inovadora do Conselho de Investigação Científica e Industrial-Instituto de Tecnologia de Minerais e Materiais, Bhubaneswar, Índia. O seu interesse atual envolve a torrefação de redução de leito fluidizado, a melhoria de minérios de baixo e magro grau, a redução baseada em hidrogénio, a utilização de resíduos e a conceção e desenvolvimento de equipamento de processamento mineral.

Sikata Samantaray é Professora de Engenharia Mecânica na Siksha 'O' Anusandhan Deemed University em Odisha, Índia. Obteve a licenciatura na Universidade de Utkal, Odisha, Índia, o mestrado no Instituto Indiano de Tecnologia, Kharagpur, em 2005, e o doutoramento na Universidade de Jadavpur, Bengala

Ocidental, Índia, em 2014, todos na disciplina de engenharia mecânica. As suas áreas de especialização são a ciência térmica e a engenharia de energia térmica.

Debendra K. Das é Professor Emérito de Engenharia Mecânica na Universidade do Alasca Fairbanks, EUA. Obteve o bacharelato no NIT Rourkela, Índia, o mestrado na Brown University e o doutoramento na University of Rhode Island, EUA, todos em engenharia mecânica. As suas áreas de especialização são a mecânica dos fluidos, nanofluidos, transferência de calor e termodinâmica.

Índice

Prefácio 6

Agradecimentos.. 8

Nomenclatura 9

Abreviaturas 10

Capítulo 1: Introdução.. 11

  1.1 Nanofluidos 11

    1.1.1 Nanopartículas 14

    1.1.2 Preparação de nanofluidos 16

    1.1.3 Estabilidade dos nanofluidos 16

    1.1.4 Métodos de avaliação da estabilidade... 21

  1.2 Bomba de calor de origem subterrânea.. 26

    1.2.1 Bomba de calor vertical de fonte subterrânea....................................... 29

    1.2.2 Bomba de calor horizontal de fonte subterrânea................................... 30

    1.2.3 Sistema GSHP, CCHRC, Fairbanks, Alasca, EUA............................... 32

Capítulo 2: Revisão da literatura.. 37

  2.1 Bomba de calor de origem subterrânea.. 37

  2.2 Nanofluido... 42

  2.3 Objetivo.. 48

Capítulo 3: Propriedades termofísicas 51

  3.1 Importância das propriedades termofísicas.. 51

  3.2 Densidade.. 52

    3.2.1 Correlação da densidade dos fluidos de base... 53

    3.2.2 Correlação de densidade de nanofluidos... 55

3.3 Viscosidade 56

3.3.1 Correlação da viscosidade dos fluidos de base 56

3.3.2 Correlação da viscosidade dos nanofluidos 58

3.4 Calor específico 61

3.4.1 Correlação do calor específico para fluidos de base 61

3.4.2 Correlação de calor específico para nanofluidos 63

3.5 Condutividade térmica 64

3.5.1 Correlação da condutividade térmica para fluidos de base 65

3.5.2 Correlações de condutividade térmica para nanofluidos 67

3.6 Correlações do número de Nusselt 70

3.7 Fator de atrito e potência de bombagem 73

3.8 Conceção do permutador de calor no solo 75

Capítulo 4: Análise de bombas de calor geotérmicas para arrefecimento 77

4.1 Modelação analítica 77

4.1.1 Consideração do caudal de volume constante 77

4.1.1.2 Potência de bombagem 80

4.1.1.4 Coeficiente de desempenho 85

4.1.2 Considerações sobre o escoamento turbulento 87

4.1.3 Considerações sobre o escoamento laminar 90

4.1.4 Considerações sobre as massas de água 93

4.1.5 Efeitos de vários parâmetros no desempenho das GSHP 96

4.2 Análise numérica 100

4.2.1 Definição do problema 101

4.2.2 Propriedades dos materiais 102

4.2.3 Geração de malhas 102

4.2.4 Equação governante 103

4.2.5 Condições de fronteira 104

4.2.6 Validação do modelo computacional 105

4.2.7 Efeitos de diferentes parâmetros 107

Capítulo 5: Conclusões e trabalho futuro 118

5.1 Principais conclusões da análise teórica 118

5.2 Principais conclusões da análise numérica 119

5.3 Trabalho futuro 120

Referências 121

PREFÁCIO

A escassez de energia é o desafio mais crítico para o mundo inteiro. A enorme procura de energia leva ao aumento dos preços dos combustíveis convencionais, como o petróleo, o gás e o carvão. Muitos investigadores estão a trabalhar nos sectores das energias renováveis para encontrar formas eficazes de as aproveitar e utilizar. A energia geotérmica é uma das melhores opções. As bombas de calor geotérmicas (GSHP) utilizam a energia geotérmica para aplicações de arrefecimento e aquecimento de espaços. O permutador de calor subterrâneo (GHE) é o permutador de calor no sistema de bomba de calor geotérmica. O fluido de trabalho utilizado no permutador de calor subterrâneo é conhecido como fluido de transferência de calor (HTF), que circula no interior do circuito do GHE. O GHE é o principal responsável pelo Coeficiente de Desempenho (COP) do sistema GSHP. São utilizados fluidos de transferência de calor gerais como água, metanol-água (20:80 em massa) e etilenoglicol-água (60:40 em massa). O nanofluido é um novo fluido de transferência de calor que tem atraído a atenção de muitos investigadores devido ao aumento da sua taxa de transferência de calor em relação ao fluido de base. Os nanofluidos são uma mistura de fluido de base e partículas de dimensão nanométrica que aumentam a condutividade térmica em relação aos fluidos de base. Podem ser fluidos de transferência de calor úteis para o sistema GSHP para melhorar o COP.

Este livro abrange estes dois domínios importantes. O primeiro capítulo descreve diferentes tipos de nanofluidos e diferentes tipos de bombas de calor para aquecimento e arrefecimento de edifícios. O segundo capítulo revê a literatura disponível nestes dois domínios. O terceiro capítulo é dedicado às propriedades termofísicas, como a viscosidade, a condutividade térmica, o calor específico e a densidade dos fluidos de base e dos nanofluidos

O capítulo quatro está dividido em duas partes: A primeira parte é dedicada à modelação analítica e a segunda parte abrange uma investigação computacional. Ambas têm como objetivo conceber e avaliar o desempenho de uma GSHP para arrefecimento de edifícios nas condições climáticas da Índia. Três nanofluidos, Al O_{23} , CuO, e SiO$_2$, de 1 a 4 % de concentração volumétrica, foram utilizados para o estudo. Este estudo inclui condutividade térmica do solo de 0,5, 2,0 e 4,0 W / m-K, a faixa de temperatura do solo entre 22 a 31 ºC para trabalho analítico e 27 a 31 ºC para trabalho numérico. O estudo revela que os nanofluidos estão entre as melhores opções para aumentar o COP. Os nanofluidos são capazes de rejeitar mais calor dos edifícios do que os fluidos de base. Foi encontrada uma boa concordância entre os estudos analíticos e numéricos. O estudo conclui também que a condutividade térmica do solo tem um impacto significativo no desempenho do GHE, que pode ser substituído por uma massa de água para obter um COP ainda mais elevado. Entre todos os nanofluidos, o nanofluido de CuO com uma concentração de 4% pode remover o maior calor do edifício para o dissipador. Estas análises baseiam-se na promessa de que os nanofluidos mantêm sempre propriedades térmicas superiores. As partículas não se aglomeram, o fluido mantém uma dispersão estável durante todo o seu tempo de vida e os tensioactivos e dispersantes não se decompõem.

AGRADECIMENTOS

O primeiro autor estende os seus sinceros agradecimentos ao Prof. Debasish Dey e ao Dr. Seshadev Sahoo do Departamento de Engenharia Mecânica, Instituto de Educação Técnica e Investigação, da Universidade Siksha 'O' Anusandhan, Bhubaneswar, Odisha, Índia, que o ajudaram pacientemente a atingir o seu objetivo.

Os autores agradecem ao CCHRC, Fairbanks, AK, EUA, e ao Departamento de Engenharia Mecânica da Universidade do Alasca Fairbanks, AK, EUA, pela disponibilização dos documentos através do Prof. Debendra Kumar Das, que ajudaram o primeiro autor a realizar a sua tese de mestrado.

O primeiro autor está grato aos seus pais, que estiveram ao seu lado e foram sempre uma fonte de inspiração em todas as etapas da sua vida. Agradece também sinceramente aos seus amigos que o ajudaram direta ou indiretamente no decurso deste trabalho de investigação.

NOMENCLATURA

Symbols	Description
ρ	density
μ	viscosity
cp	specific heat
k	thermal conductivity
z	zeta potential
np	nanoparticle
bf	base fluid
nf	nanofluid
P	pumping power
Q	volume flow rate
ϕ	volumetric concentration
f	friction factor

ABREVIATURAS

Symbols	Description
GSHP	Ground Source Heat Pump
GHE	Ground Heat Exchanger
HTF	Heat Transfer Fluid
MW	Methanol Water
EGW	Ethylene Glycol Water
bf	base fluid
nf	Nanofluid
np	Nanoparticle
BHE	borehole heat exchanger

CHAPTER 1:INTRODUÇÃO

A energia é, como sempre, o alimento dos seres humanos. A escassez de energia é um desafio crescente para a maioria dos países em desenvolvimento, como a Índia, a China e outros. A enorme procura de energia conduz a preços elevados do petróleo e do gás. Tendo isso em conta, o sector das energias renováveis é o mais eficiente para o futuro. Está a ser feita muita investigação nestes sectores, especialmente em biogás, energia solar, eólica e geotérmica. A GSHP é a técnica mais eficiente na Índia para o arrefecimento e aquecimento de edifícios. A sua utilização é flexível, por exemplo, no verão para arrefecimento e no inverno para aquecimento. Os efeitos de arrefecimento e aquecimento estão disponíveis devido à temperatura relativa da Terra.

Na mesma tendência, os investigadores estão também a concentrar-se nas técnicas de poupança de energia. É essencial poupar cada unidade de energia em vez de gerar 100 unidades. Nesta era, a transferência de calor é um dos maiores desafios para todas as centrais eléctricas, indústrias e sectores automóveis. Os líquidos de transferência de calor, em particular, possuem uma condutividade térmica muito baixa, o que resulta no gasto de mais energia de bombagem para transferir o calor. Em 1995, Stephen Choi [1] cunhou o termo "nanofluidos" no Laboratório Nacional de Argonne, EUA. Este último afirmava ser uma das melhores opções para aumentar a taxa de transferência de calor em relação a muitos fluidos de base.

1.1 Nanofluidos

O nanofluido é uma mistura de líquido [conhecido como fluido de base] e partículas de dimensão nanométrica. Podem ser metálicas, de óxido metálico ou não metálicas, em que o diâmetro das partículas é da ordem de 10^{-9} ($1nm < d_p < 100nm$). A natureza da mistura é heterogénea, o que significa que estas partículas minúsculas se encontram isoladas na mistura. Tem sido feita muita investigação neste domínio para diferentes aplicações. As aplicações dos nanofluidos incluem a transferência de calor, processos farmacêuticos, arrefecimento eletrónico, processamento de alimentos, etc.

As micropartículas têm maior velocidade de sedimentação devido à gravidade, o que leva a uma sedimentação muito rápida e provoca entupimento e desgaste. Por outro lado, as nanopartículas estão permanentemente suspensas devido ao movimento browniano. Durante a condição estática, ou seja, sem fluxo, são distribuídas num equilíbrio entre a agitação térmica e o peso flutuante. No entanto, os investigadores têm um grande desafio para evitar a aglomeração e a suspensão estável das nanopartículas. Na Fig.1.1 é apresentada uma imagem comparativa para mostrar a vantagem das nanopartículas em relação às micropartículas. Os nanofluidos dependem exclusivamente das nanopartículas a partir das quais são preparados, por exemplo, metais (Cu, Ag, Au, Pt, Pd, Ru e Re, etc.), óxidos metálicos ($Al\,O_{23}$, CuO, SiO_2 , TiO_2 , $Fe\,O_{34,}$ etc.) ou carbono, ou seja, nanotubos de carbono (CNT). Devido à sua vasta gama de aplicações, estão disponíveis várias nanopartículas. As nanopartículas de óxidos metálicos têm uma vasta aplicação nos domínios da transferência de calor. Embora os nanotubos de carbono sejam os melhores para a transferência de calor, não são utilizados em aplicações comuns de engenharia devido ao seu elevado custo.

Os fluidos de base são fluidos gerais de transferência de calor, como a água, o etilenoglicol, o metanol-água, etc. São utilizados diferentes tipos e misturas de fluidos de base para várias aplicações de engenharia. Na Índia, a água é um bom fluido de transferência de calor, enquanto os países frios preferem uma mistura de etilenoglicol ou propilenoglicol e água como fluido de transferência de calor para evitar a congelação, tal como descrito por McQuiston et al. [2] no livro sobre aquecimento, ventilação e ar condicionado.

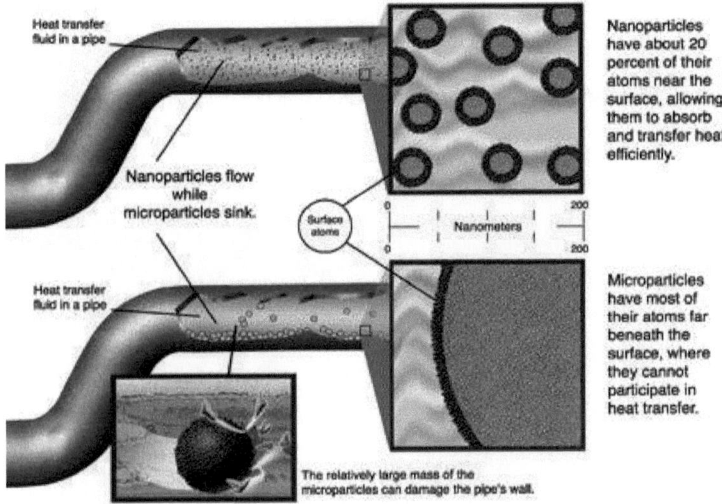

Figura 1.1: Vantagens das nanopartículas em relação às micropartículas [3]

O quadro 1.1.1 apresenta uma comparação simples, sob a forma de tabela, entre micropartículas e nanopartículas a partir de dados recolhidos de Das et al. [4].

Tabela 1.1: Comparação entre micropartículas e nanopartículas

	Micropartículas	Nanopartículas
Estabilidade	Estabelecer-se	Estável [permanecer em suspensão quase indefinidamente]
Rácio superfície/volume	1	1000 vezes maior do que a das micropartículas
Condutividade* (*na mesma fração de volume)	Baixa	Elevado
Entupimento no microcanal	Sim	Não
Erosão	Sim	Não
Potência de bombagem	Grande	Pequeno
Fenómenos à nanoescala	Não	Sim

A adição de nanopartículas ao fluido de base transforma-se num nanofluido. Muitos fabricantes fabricam nanopartículas e fornecem nanofluidos-mãe para satisfazer as necessidades dos clientes. Alfa Aesar [5], um dos principais fabricantes de nanopartículas e dispersões, fornece algumas informações básicas sobre o processo de fabrico.

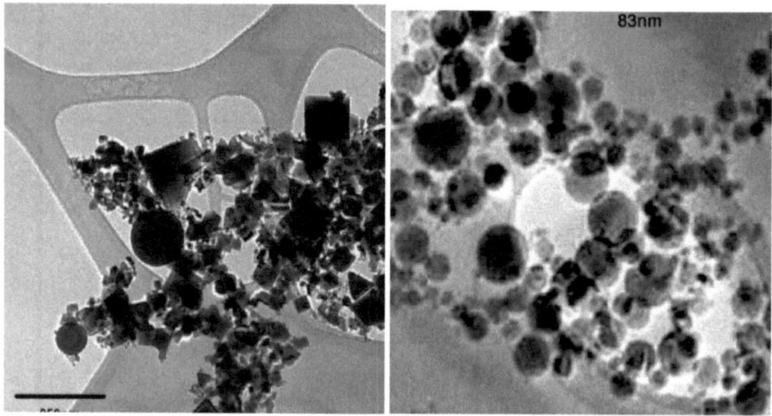

Figura 1.2: Imagens de nanopartículas utilizando TEM, Alfa Aesar [5]

1.1.1 Nanopartículas

Existem dois métodos para fabricar nanopartículas: um é a síntese física de vapor (PVS) e o outro é a síntese de nanoarco (NAS) [5]. No método PVS, um metal sólido é submetido a uma energia de arco para produzir vapor a uma temperatura elevada. Em seguida, é sujeito a arrefecimento a uma taxa controlada através da adição de gás reagente. Em seguida, condensa-se para formar nanopartículas.

O NAS é tão provável como o PVS, que utiliza a energia do arco para produzir nanopartículas. Este adapta vários formatos de precursores e composições químicas à escala comercial para fabricar nanopós.

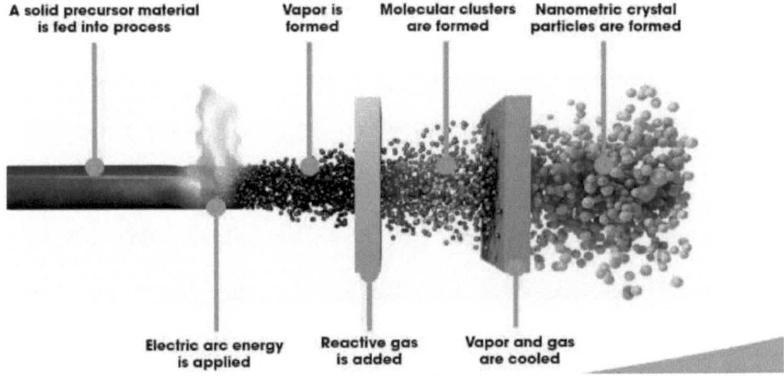

Figura 1.3: Processo de fabrico de nanopartículas. [5]

As nanopartículas obtidas pelo processo NAS ou PVS são partículas discretas e cristalinas. Os tamanhos das partículas obtidas pelo processo PVS variam entre 35-75 nm e os tamanhos das partículas do processo NAS variam entre 20-60 nm. Estas nanopartículas são tratadas à superfície para se adaptarem e misturarem facilmente com vários fluidos, resinas e polímeros. Os tratamentos de superfície são efectuados para evitar a aglomeração. Na Fig.1.4 são apresentadas várias amostras de nanofluidos-mãe fornecidas pela Alfa Aesar.

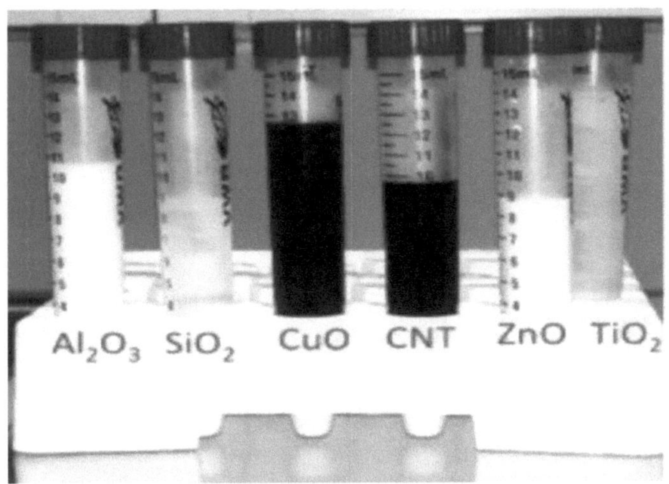

Figura 1.4: Diferentes tipos de amostras de nanofluidos, Satti et al. [6]

1.1.2 Preparação de nanofluidos

A dispersão adequada das nanopartículas no fluido deve ser feita para atingir o objetivo. Por conseguinte, a preparação do nanofluido é um passo crucial e significativo. Se a dispersão resultar em sedimentação ou agregação no fluido de base, não se obterá o resultado desejado. Geralmente, são utilizados dois métodos para preparar nanofluidos: métodos de dois passos e de passo único descritos por Dey et al. [7]. No método de dois passos, inicialmente, os nanopós são sujeitos a síntese por métodos químicos ou físicos (evaporação e processo de condensação de gás inerte). De seguida, os nanopós sintetizados são dispersos no respetivo fluido de base, seguido de agitação. A agitação da mistura é feita através de um vibrador ultrassónico.

O método de uma etapa foi desenvolvido por Akoh et al. [8]. No método de uma etapa, a técnica de evaporação em vácuo num substrato de óleo corrente (VEROS) sintetiza as nanopartículas. A Fig.1.5 apresenta um fluxograma do método da solução química (CSM), um tipo de método numa só etapa. Este método foi desenvolvido por Wang e Quintard [9]. A aglomeração pode ser evitada através da utilização deste método.

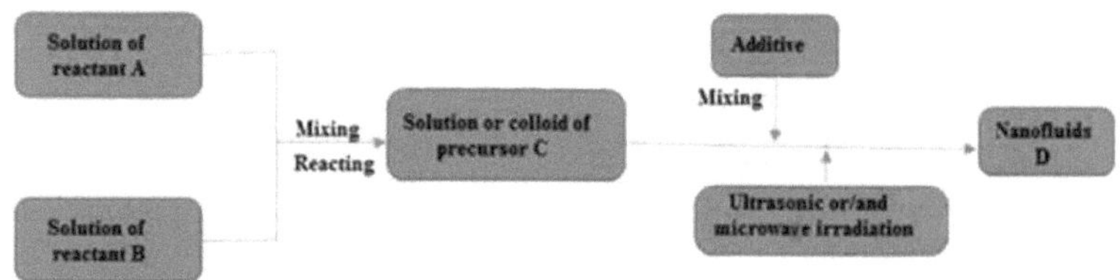

Figura 1.5: Fluxograma do CSM desenvolvido por Wang e Quintard [9]

1.1.3 Estabilidade dos Nanofluidos

O maior desafio enfrentado na preparação e utilização de nanofluidos é a manutenção da estabilidade. Devido à força de atração de van der Waals muito elevada entre as nanopartículas no nanofluido, estas juntam-se e formam partículas maiores, aumentando o diâmetro médio das partículas. Um aumento do diâmetro das partículas leva a uma maior velocidade de sedimentação e pode assentar. Stokes propôs uma correlação para determinar a velocidade de sedimentação através do equilíbrio das forças gravitacional, de flutuação e viscosa. A correlação da velocidade de sedimentação é conhecida como a equação de Stokes-Einstein (Eq (1.1)) e é dada como:

$$V = \frac{2R^2}{9\mu}(\rho_P - \rho_L)\, g \qquad (1.1)$$

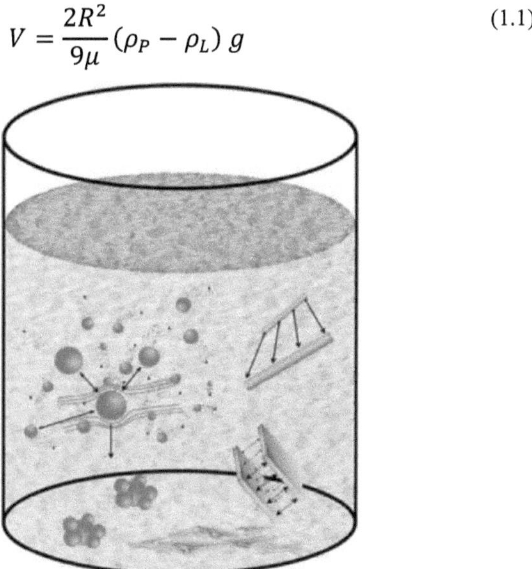

Figura 1.6: Esquema das várias forças exercidas sobre uma única nanopartícula e da interação entre nanopartículas adjacentes, nanobastões e nanofolhas, que conduzem à agregação durante a dispersão no fluido de base, Yu et al. [10]

Onde V é a velocidade de sedimentação, R é o raio da partícula (assumindo que a partícula é esférica em tamanho), μ é a viscosidade do fluido, ρ_P e ρ_L são a densidade da partícula e do fluido, respetivamente, e g é a aceleração devida à gravidade.

A partir desta equação, é evidente que a velocidade de sedimentação diminuirá com a redução do tamanho das partículas ($V \propto R^2$), o que ajuda a partícula a flutuar durante mais tempo. Devido ao movimento browniano das nanopartículas, não haverá sedimentação. Isto significa que as partículas de tamanho mais pequeno têm maior estabilidade do que as partículas de tamanho superior. No entanto, a redução do tamanho das partículas aumenta a energia de superfície da partícula e aumenta as hipóteses de aglomeração. A Fig.1.6 mostra várias forças que actuam numa única nanopartícula e a interação entre nanopartículas, nanobastões e nanofolhas mais próximas. Devido a uma atração mais significativa, as partículas são forçadas a depositar-se no fundo.

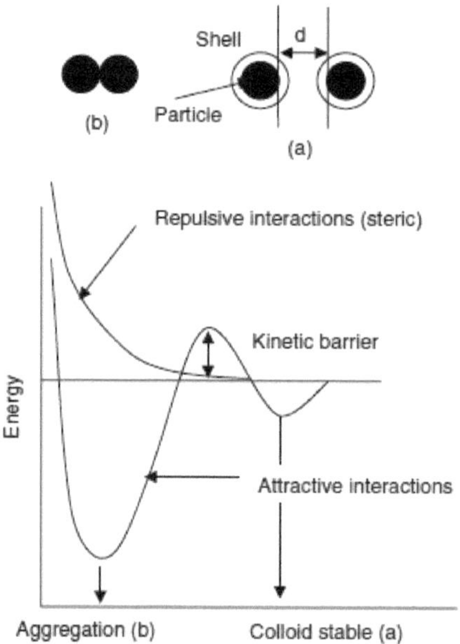

Figura 1.7: Estabilidade cinética de um sistema de nanopartículas Das, S. K. [4]

A Fig.1.7 mostra a estabilidade cinética de um sistema de nanopartículas. Explica que a interação de van der Waals não pode afetar a partícula isolada, uma vez que a barreira cinética é superior à energia térmica. Assim, as partículas isoladas permanecem numa dispersão estável. A interação atractiva reduz a energia, enquanto a interação repulsiva aumenta a energia. Na ausência de revestimentos de superfície das nanopartículas, a interação atractiva será muito elevada e a estabilidade cinética não existirá, conduzindo à aglomeração das partículas. Para manter a estabilidade, a interação repulsiva entre as nanopartículas deve ser superior à interação atractiva. Através de forças estéricas, electro-estáticas ou electro-estéricas, a estabilização pode ser mantida, como se mostra na Fig.1.8 [10].

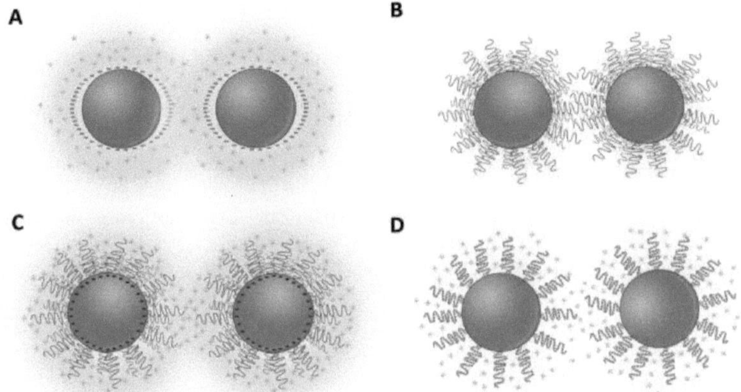

Figura 1.8: Tipos de estabilização coloidal do nanofluido Yu et al. [10]. estabilização eletrostática, (B) estabilização estérica, (C,D) estabilização electro-estérica

Existem vários métodos para manter a estabilidade do nanofluido. Os investigadores encontraram diferentes métodos para manter a estabilidade dos nanofluidos. Os métodos para manter a estabilidade dos nanofluidos consistem em sonicação, homogeneização de alto cisalhamento, homogeneização sob pressão, controlo do pH, técnicas de modificação da superfície, adição de tensioactivos e moagem de bolas [7]. De entre estes métodos, a sonicação e a adição de tensioactivos são muito comuns, como se refere a seguir.

1.1.3.1 Sonicação

Neste método, o nanofluido é tratado por ondas sonoras ultra-sónicas utilizando um sonicador ultrassónico. Estas ondas sonoras dividem as partículas agregadas e quebram-nas em partículas mais pequenas. Devido ao tamanho mais pequeno das partículas, as nanopartículas flutuam durante mais tempo. Normalmente, existem dois tipos de ultra-sons: o tipo de banho e o tipo de sonda. De acordo com o desempenho, o tipo de sonda é melhor do que o ultrassom de banho.

Chung et al. [11] estudaram experimentalmente a eficácia da ultrassonografia empregando ZnO-Water nanofluid. A partir de sua experiência, eles concluíram que o tipo de sonda é melhor para a redução do tamanho das partículas. Eles também concluíram que o excesso de tempo de sonicação é desnecessário; diferentes nanopartículas e fluidos de base precisam de diferentes tempos de ultrassom ideal. Kole e Dey [12] encontraram o tempo ótimo para ZnO- etileno glicol (EG) nanofluido. Eles concluíram que o tempo ótimo necessário para ZnO-EG nanofluido é de 60 horas sem surfactante. Após 60 horas, as partículas são fixadas e o tamanho das partículas aumenta.

1.1.3.2 Surfactante

A adição de surfactante é um método simples e usual para manter a estabilidade de um nanofluido. O surfactante não é mais do que um revestimento ou camada fina na superfície das nanopartículas, que cria um escudo contra interacções atractivas. Estas finas camadas de proteção superam a força de atração de van der Waals para tornar cada nanopartícula isolada e estável. Estes podem ser catiónicos, aniónicos ou não iónicos. Além disso, incluem sais como o dodecil sulfato de sódio, o brometo de cetil-trimetil amónio, o sal e o ácido oleico e a goma arábica [7]. Setia et al. [13] concluíram que a adição de tensioactivos às nanopartículas altera o mecanismo de transferência de calor. A adição excessiva de tensioactivos pode prejudicar as propriedades termofísicas do nanofluido e a transferência de calor. De acordo com Mirjalili et al. [14], os tensioactivos podem ser úteis para conferir tamanho e geometria específicos às nanopartículas.

 Mirjalili et al. [14] sintetizaram nanopartículas de alumina usando o método sol-gel. Utilizaram dodecilbenzeno sulfonato de sódio (SDBS) e bis-2-etil-hexil sulfosuccinato de sódio (Na(AOT)) como surfactantes para estabilizar o nanofluido. A experiência revelou que o dodecil benzeno sufocado de sódio é melhor do que o bis-2-etil-hexil sulfosuccinato de sódio em termos de partículas finas, tamanho das partículas e dispersão. Os tamanhos das partículas foram estudados entre 20 e 30 nm utilizando técnicas de microscópio eletrónico de transmissão (TEM), microscópio eletrónico de varrimento (SEM) e difração de raios X (XRD).

Sharma et al. [15] utilizaram SDBS como dispersante em nanofluidos de alumina-água para manter a estabilidade. A quantidade de SDBS é um décimo da quantidade de nanopartículas utilizadas para preparar o nanofluido. Em seguida, o nanofluido é agitado durante 12 horas para o tornar uniforme. Os nanofluidos com concentrações volumétricas inferiores a 3% foram estáveis durante mais de semanas; no entanto, concentrações mais elevadas resultaram em sedimentação.

Xuan et al. [16] dispersaram dodecil benzeno sufocado de sódio (SDBS) como dispersante no nanofluido Cu-água em duas fracções de massa diferentes. Devido à adição de dispersante, as nanopartículas exibem melhor estabilização e distribuição. No seu estudo, verificaram que quantidades crescentes de tensioactivos afectam a condutividade térmica, o desempenho da transferência de calor e as propriedades de transporte do nanofluido.

1.1.4 Métodos de avaliação da estabilidade

A caraterização eficiente e exacta da estabilidade de dispersão do nanofluido é essencial para compreender o mecanismo de dispersão e a sua aplicação prática. Os investigadores utilizaram diferentes técnicas para estudar e avaliar a estabilidade do nanofluido. As técnicas mais utilizadas são apresentadas a seguir. São elas a microscopia eletrónica de transmissão (TEM), o microscópio eletrónico de varrimento (SEM), a difração de raios X, a captura de fotografias de sedimentação, a análise do potencial ζ, o espetrómetro UV-vis, a dispersão dinâmica da luz (DLS), etc [4,7].

1.1.4.1 TEM e SEM

A análise direta pode ser feita utilizando um microscópio eletrónico para observar a forma, o tamanho e a estabilidade da dispersão das partículas. A microscopia eletrónica de transmissão e a microscopia eletrónica de varrimento são as duas técnicas mais utilizadas e comuns para caraterizar matérias à nanoescala. As imagens captadas podem ser analisadas através de software para determinar o tamanho das partículas. Além disso, pode fornecer pormenores sobre as partículas aglomeradas, por exemplo, quantas partículas estão reunidas e que tipo de orientação têm. Para analisar ao microscópio, a amostra deve ser seca, pelo que é necessário um cuidado especial no processo de secagem para evitar mais aglomeração. Os nanofluidos à base de óleo são difíceis de secar em comparação com os nanofluidos à base de água [10]. Uma imagem TEM de nanopartículas de SiO_2 dispersas em água é apresentada na Fig.1.9.

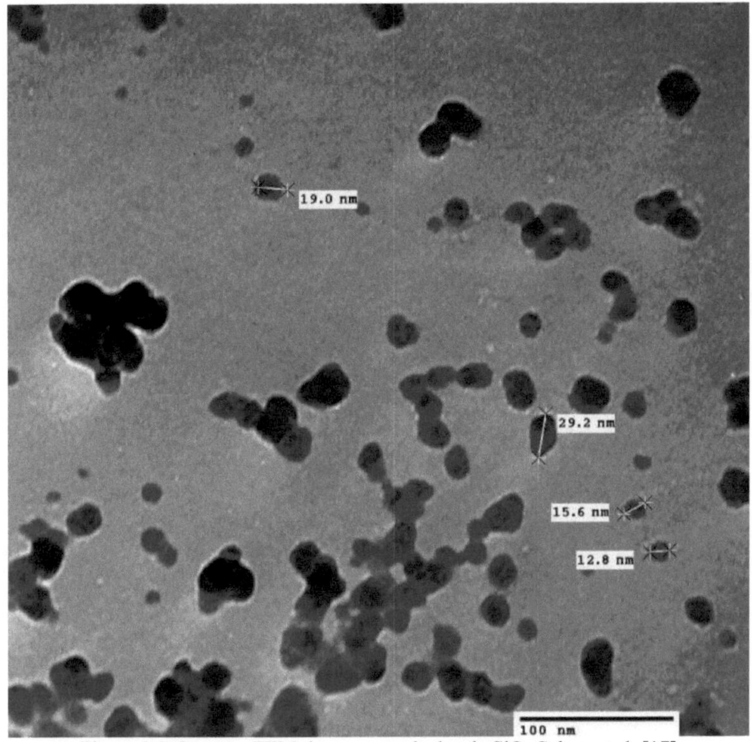

Figura 1.9: Imagem TEM das nanopartículas de SiO$_2$ Sahoo et al. [17]

1.1.4.2 Análise do potencial zeta

O potencial Zeta (ζ) é o primeiro passo nas características de dispersão do nanofluido. Especialmente para o nanofluido à base de água, é utilizado para avaliar a diferença de potencial elétrico entre o meio de dispersão e a camada estacionária ligada à nanopartícula dispersa, como se mostra na Fig.1.10.

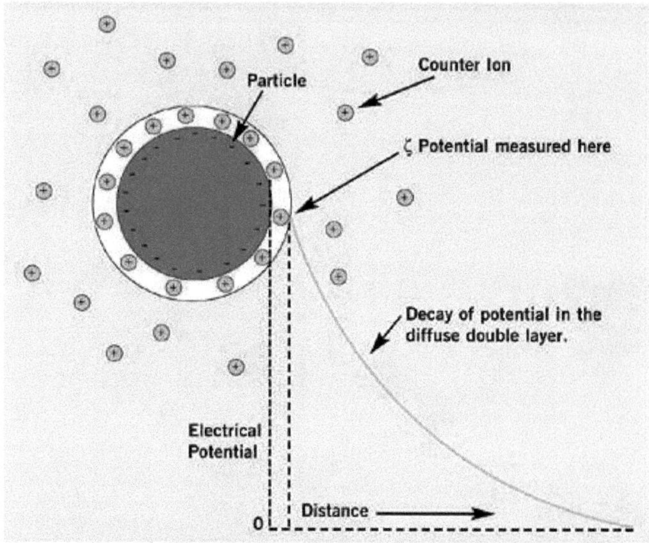

Figura 1.10: Potencial zeta [18]

Depende de parâmetros como a carga da superfície, os iões da interface (presentes devido à absorção) e a natureza e composição do fluido presente no nanofluido. A carga líquida de um meio pode ser avaliada considerando a carga das partículas e os contra-iões. A interação entre estas partículas é o índice do potencial zeta. Utilizando *a* fórmula *de Smoluchowski* [4], calcula-se o potencial zeta, apresentado na Eq. (1.2).

$$\zeta = \frac{4\pi\eta}{\varepsilon} \times U \times 300 \times 300 \times 1000 \tag{1.2}$$

em que ζ é o potencial zeta em mV, ε é a constante dieléctrica do meio, η é a viscosidade da solução e U (=v/V/L) é a mobilidade electrofílica, em que v é a velocidade da partícula em cm/s sob um campo elétrico, V é a tensão aplicada e L é a distância.

O nanofluido está sujeito a uma elevada estabilidade se tiver um elevado valor de potencial zeta. As nanopartículas com valores de potencial zeta baixos são sujeitas a uma força de atração e agregam-se. Os nanofluidos com mais de ± 30 mV podem ser considerados como eletronicamente estabilizados.

1.1.4.3 Captura de fotografias de sedimentação

É um dos principais métodos para avaliar visualmente a estabilidade do nanofluido. Devido à aglomeração e à diferença de densidade, as NPs estão sujeitas a assentar no fundo da mistura de nanofluidos. Isso pode ser visto após a obtenção de imagens em diferentes intervalos de tempo para analisar a estabilidade da dispersão. Os nanofluidos que têm uma boa dispersão demoram muito tempo a assentar, pelo que é difícil observar quaisquer alterações em intervalos curtos [10].

1.1.4.4 Espectrómetro UV-vis

Os nanofluidos dispersos estão sujeitos a diferentes comportamentos de absorção e dispersão da luz. É o método mais fácil e mais rápido para avaliar a estabilidade dos nanofluidos dispersos. O espetrómetro UV-vis regista os espectros de absorção dos nanofluidos em função do tempo para caraterizar os fenómenos de dispersão dos nanofluidos. A estabilidade da dispersão pode ser analisada através da representação gráfica da absorção do comprimento de onda da luz em função do tempo de sedimentação. No caso de um nanofluido excelente e estável, os espectros sobrepõem-se quando são traçados em função do tempo. Mas este método é limitado. Não pode determinar a estabilidade de nanofluidos altamente viscosos ou de cor escura, como os CNT, o grafeno, etc. A diminuição da taxa de pico de absorvância explica a ocorrência de alguns sedimentos ao longo do tempo. [4,7,10]

1.1.4.5 Dispersão dinâmica da luz (DLS)

Este processo permite aos investigadores analisar o tamanho das partículas no interior do nanofluido sem o secar. Utilizando a técnica de dispersão de Rayleigh da luz incidente, que utiliza luz laser, as nanopartículas (NPs) em suspensão podem ser estudadas. Devido ao movimento browniano das NPs dentro do fluido de base, a intensidade da dispersão da luz flutua. A partir daí, o tamanho das partículas de NPs suspensas pode ser conhecido. Assim, a DLS mede o tamanho hidrodinâmico da partícula, enquanto os microscópios electrónicos (TEM e SEM) medem o tamanho físico das NPs sólidas. Outras conclusões, como a espessura, os ligandos de superfície ou as cadeias de polímeros enxertados, podem ser conhecidas através da combinação das dimensões hidrodinâmicas e físicas das NPs. (Dey et al.; Yu et al.)

1.2 Bomba de calor de fonte subterrânea

A bomba de calor geotérmica (GSHP) é um dispositivo que utiliza a energia geotérmica para aplicações de aquecimento e arrefecimento de espaços. A energia geotérmica é uma fonte de energia abundante que pode ser facilmente acedida para arrefecimento e aquecimento de espaços. A energia renovável é uma energia limpa, o que significa que não produz poluição. A energia geotérmica pode ser utilizada de acordo com as suas gamas de temperatura, como mostra a Fig.1.11 de Chiasson [19]. As bombas de calor geotérmicas podem funcionar a temperaturas significativamente mais baixas, entre 0 °C e 30 °C. Os sistemas GSHP são úteis para aquecimento e arrefecimento com um único sistema. Assim, basicamente, um único sistema GSHP pode satisfazer aplicações de conforto durante todo o ano, ou seja, arrefecimento no verão e aquecimento no inverno.

 Nas últimas décadas, muitos países frios instalaram sistemas GSHP para cobrir a sua parte da energia utilizada no aquecimento de edifícios. Devido à temperatura relativamente constante da Terra como reservatório térmico, os sistemas GSHP são uma das melhores opções em vez do combustível convencional. No entanto, na era atual, as fontes de energia renováveis são preferíveis devido à escassez das fontes de energia convencionais e à poluição causada pela sua combustão, que conduz ao aquecimento global e às alterações climáticas. Tem muitas outras aplicações para além do arrefecimento de edifícios, como o aquecimento de água quente, o aquecimento de piscinas e lagos e o derretimento de neve.

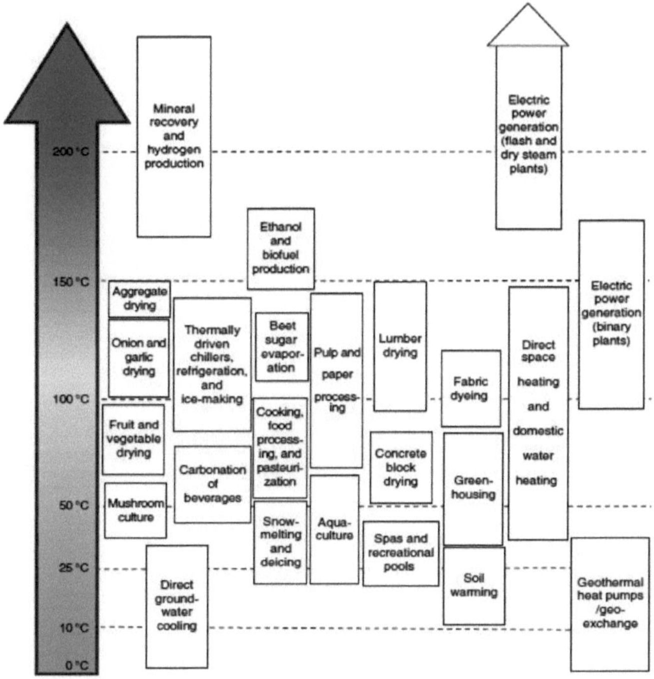

Figura 1.11: Gama de temperaturas e aplicações da energia geotérmica Chiasson [19]

Um sistema GSHP típico é normalmente acoplado a uma bomba de calor convencional e consiste nos seguintes componentes: bomba, permutador de calor no solo (GHE), condensador e expansor. O fluido de transferência de calor (HTF) circula pelo sistema para absorver o calor rejeitado pela bomba de calor convencional. Rejeita o calor para o solo para arrefecimento e absorve o calor do solo para aplicações de aquecimento. A Fig.1.12 mostra a imagem de um sistema GSHP. O GHE é o componente da GSHP que interage com o solo para trocar energia térmica. O GHE não é mais do que um tubo enterrado sob o solo a uma certa profundidade da superfície do solo, como se pode ver na Fig.1.12. O desempenho do sistema GSHP é diretamente proporcional ao desempenho do GHE, onde o fluido de transferência de calor também desempenha um papel importante na transferência de calor. Muitos países frios e ocidentais utilizam fluido à base de glicol para aplicações de transferência de calor porque a temperatura ambiente é inferior a zero para evitar o efeito de congelação. Devido a uma condutividade térmica muito baixa, estes fluidos não são muito eficientes.

Figura 1.12: Sistema de bomba de calor geotérmica [20]

Muita investigação tem sido feita no sistema GSHP para melhorar o seu desempenho e alcançar um coeficiente de desempenho (COP) mais elevado. No entanto, o COP pode ser aumentado adoptando um melhor fluido de transferência de calor ou um tipo diferente de GHE que possa trocar melhor o calor. Os investigadores adoptaram vários conceitos de looping para melhorar o desempenho do GHE, como se mostra na Fig.1.13. Os investigadores e os utilizadores adoptam principalmente o conceito de looping vertical, tipo slinky horizontal e looping em lago, de acordo com a carga de aquecimento ou arrefecimento do edifício. Os GHE de tipo vertical são também conhecidos como permutadores de calor de furo (BHE).

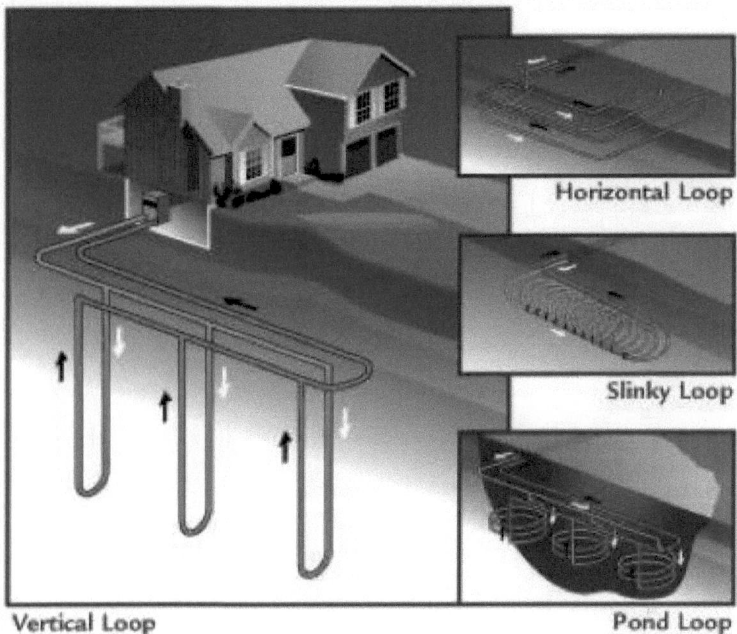

Figura 1.13: GHE vários tipos de looping [21]

1.2.1 Bomba de calor vertical de fonte subterrânea

Um conjunto de tubos de circuito fechado instalado verticalmente em relação à superfície do solo até uma certa profundidade com um raio válido é conhecido como um permutador de calor de furo (BHE). Este é também conhecido como permutador de calor de tubo em U devido à sua forma. Normalmente, é utilizado um tubo de polietileno de alta densidade (HDPE). A Fig.1.14 mostra um GHE típico do tipo tubo em U. O fluido de transferência de calor é sujeito a um fluxo no interior do tubo em U para rejeitar (ou absorver) a energia térmica. Geralmente, um permutador de calor de tubo em U simples é perfurado a uma profundidade nominal de 50 a 100 m com um diâmetro de furo da ordem de 127 mm. Os tubos em U têm um diâmetro nominal de

19-38 mm. O anel do furo é geralmente preenchido com materiais de enchimento para melhorar o contacto superficial entre o tubo e o solo. Como material de enchimento é utilizada uma argamassa à base de bentonite. Nalguns casos, a rocha é utilizada como material de enchimento.

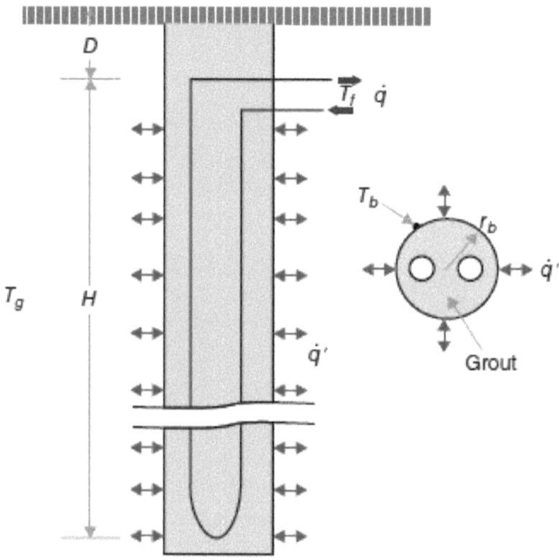

Figura 1.14: Diagrama esquemático de um BHE típico constituído por um único tubo em U betumado num furo vertical, (Chiasson [19])

1.2.2 Bomba de calor horizontal de fonte subterrânea

A principal diferença entre os tipos de GHX horizontal e vertical é a sua orientação geométrica. As bombas de calor geotérmicas horizontais são sistemas GSHP acompanhados por permutadores de calor geotérmicos (GHE) orientados horizontalmente. Este tipo de GHE é adequado para edifícios com maior área de terreno do que o tipo vertical [19]. O custo de instalação do GHE horizontal é baixo em comparação com o GHE vertical. Além disso, as configurações de tubos em loop do GHE horizontal (HGHE) são disponibilizadas no caso de uma pequena área de terreno. O looping do tubo pode ser feito num tipo slinky ou espiral [22], como mostra a Fig.1.13. Um GHE horizontal típico é mostrado nas Figs.1.12 e 1.13. Pode ser uma tecnologia adequada para aplicações residenciais e não residenciais de menor dimensão.

Em alguns casos, os HGHE são sujeitos a serem colocados dentro de um corpo de água em vez de no solo para uma melhor transferência de calor e um melhor desempenho térmico, como se mostra nas Fig.1.13 e Fig.1.15. A Figura 1.16 mostra diferentes métodos de orientação e disposições de trincheiras utilizadas em GHE, em que E é a profundidade a partir da superfície do solo ou das trincheiras e C é a profundidade mínima de cobertura. Os laços horizontais de GHE podem ser colocados camada por camada para minimizar a necessidade de terreno no caso de uma carga térmica mais elevada. As valas devem ser preenchidas com material de aterro para aumentar a condutividade térmica do material do solo rodeado pelos laços de GHE.

Figura 1.15: Tubo GHE horizontal com diferentes orientações [23]

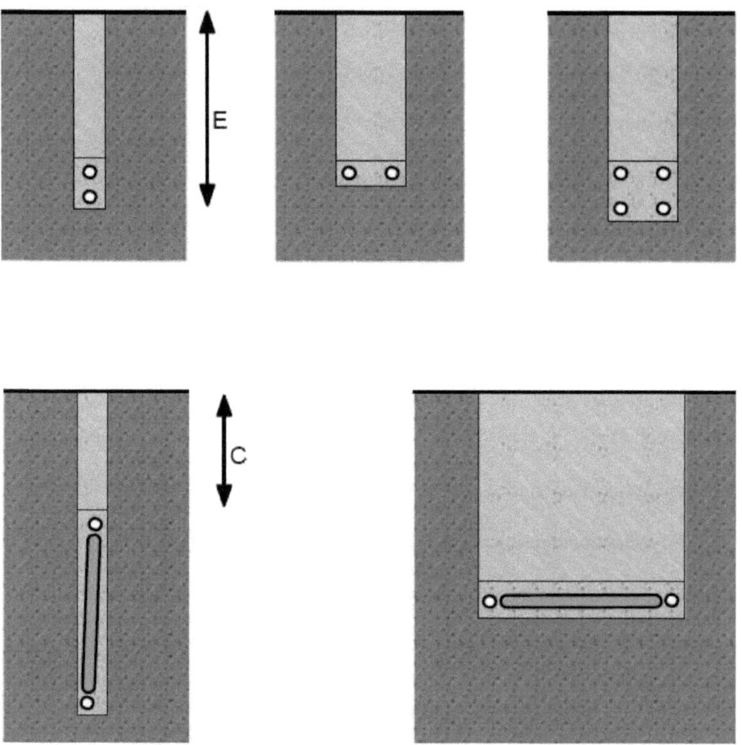

Figura 1.16: GHE horizontal com arranjos comuns de trincheiras (Rees [24])

1.2.3 Sistema GSHP, CCHRC, Fairbanks, Alasca, EUA

Centro de Investigação sobre Habitação em Clima Frio (CCHRC) em Fairbanks, Alasca [25] é uma organização baseada na indústria, cujo principal objetivo é o desenvolvimento, ensaio e adaptação de tecnologias de construção eficientes do ponto de vista energético, saudáveis e rentáveis para as regiões de clima frio. Trabalharam com o Alaska Center for Energy and Power (ACEP) [26] para conceber e fornecer sistemas energeticamente eficientes para edifícios no Alasca e em regiões de clima frio. A aplicação e a viabilidade dos sistemas GSHP para o Alasca e outras regiões de clima frio estão a ser testadas, e o CCHRC tem feito mais investigação para responder aos desafios e requisitos da procura térmica nos edifícios, utilizando fontes de energia renováveis como os painéis solares térmicos.

 O CCHRC instalou um sistema GSHP nas Instalações de Investigação e Testes (RTF) no campus da Universidade do Alasca Fairbanks (UAF) para estudar o seu desempenho com base num funcionamento a longo prazo. O RTF tem três secções diferentes de absorção de calor para comparar a melhor disposição da bobina GHE e as características da superfície do solo. A bomba de calor está dimensionada para aquecer o espaço do escritório, com uma carga de aquecimento de 17,6 kW. A distribuição de calor no interior do escritório é feita utilizando serpentinas de aquecimento hidrónico colocadas por baixo do chão de betão. O sistema de bomba de calor substituiu um sistema de caldeira de condensação a óleo de 22,3 kW utilizado como fonte de calor para o aquecimento do edifício. A Fig.1.17 mostra as instalações de investigação e ensaio do CCHRC que funcionam num clima de inverno rigoroso.

Figura 1.17: Instalação de investigação e ensaio do CCHRC [25]

O diagrama esquemático do sistema de aquecimento na RTF é mostrado na Fig.1.18
e o equipamento utilizado na instalação é listado na Tabela.1.2.

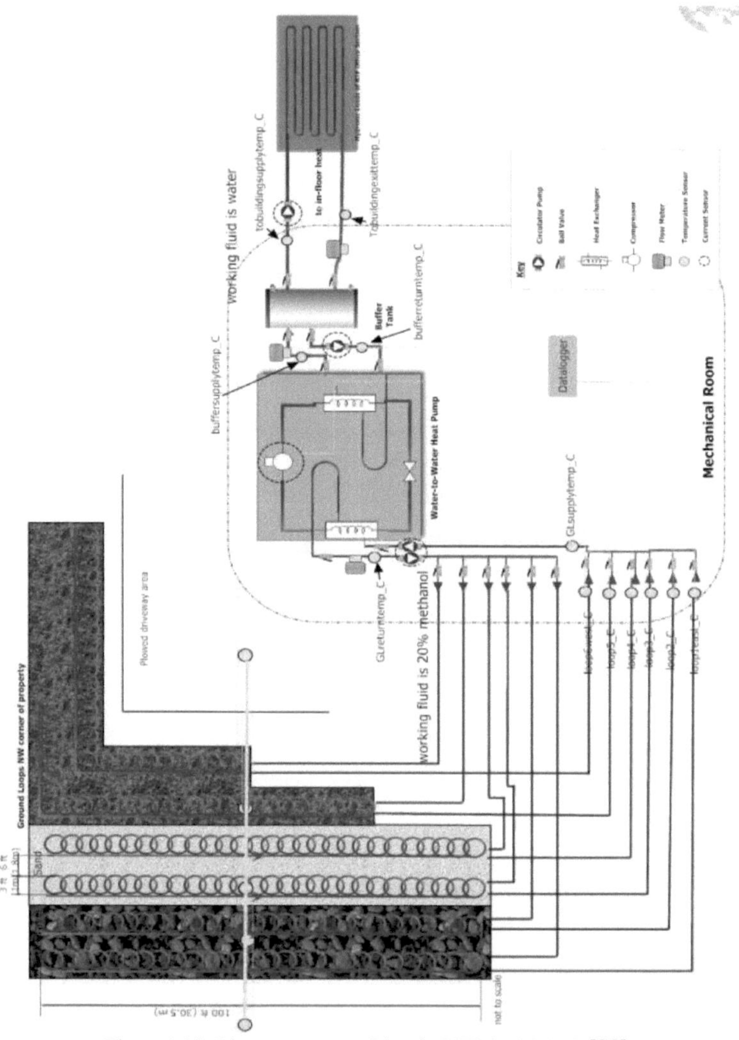

Figura 1.18: Diagrama esquemático do RTF do CCHRC [25]

O comprimento total do circuito do GHE é de 1464 m. É composto por três secções
(ver Fig. 1.18) em paralelo, cada secção contendo dois circuitos longos (um total de
seis ramos, cada um com 244 m de comprimento). As três secções diferem na

geometria da superfície; uma tem relva verde no verão, a segunda está enterrada sob o solo local e a terceira está enterrada sob seixos para determinar qual a configuração que produziria o melhor desempenho térmico. A água metanólica é utilizada como fluido de transferência de calor (HTF) para o GHE horizontal, extraindo o calor do circuito subterrâneo e transferindo depois a energia térmica para o fluido de trabalho da bomba de calor que circula no interior do edifício. Trata-se de uma serpentina de aquecimento hidrónico que recebe o calor do GHE e circula sob o chão de betão do edifício de escritórios, libertando o calor. Os tubos estão equipados com sensores de temperatura individuais, transdutores de pressão e medidores de caudal para registar dados em intervalos de tempo frequentes para cada uma das três secções e armazená-los num sistema de aquisição de dados para calcular posteriormente a transferência de calor e a potência de bombagem investida na circulação do fluido. Além disso, as temperaturas do solo são medidas em várias secções ao longo da conduta GHE. Estas medições continuaram durante vários anos até se recolherem conjuntos de dados completos e se efectuarem análises térmicas e fluidodinâmicas detalhadas para otimizar a conceção.

Tabela 1.2: Componentes do sistema GSHP no CCHRC

Componente principal	Subcomponente	Descrição
Laço de terra	Tubagem	Geralmente, um tubo de polietileno de alta densidade actua como um permutador de calor no solo ou na massa de água.
	Fluido de trabalho	Mistura metanol-água
	Bomba	A bomba de circulação é utilizada para mover o HTF no circuito.
	Coletor	Utilizado para unir e dividir os três circuitos paralelos com seis ligações à entrada e à saída do GHE. Ver Figura 1.18

Unidade de bomba de calor	Compressor	É utilizado na bomba de calor para fazer funcionar o refrigerante. Neste caso, é utilizado um compressor de 6 kW.
	Condensador	Condensa o vapor quente do refrigerante em líquido e aquece o edifício.
	Evaporador	Utilizado para absorver a energia térmica do fluido do circuito subterrâneo para o refrigerante da bomba de calor.
	Válvula de expansão	Reduz a pressão e a temperatura do refrigerante na bomba de calor.
	Controlos	Utilizar para controlar o caudal do circuito de terra.
Distribuição de calor	Dessuperaquecedor	Sistema opcional. Utilizado para extrair calor do fluido frigorigéneo para aquecer água para uso doméstico
	Hidrónico	O fluido aquecido flui dentro de tubos colocados sob o pavimento do espaço.
	Ar forçado	O ar aquecido da bomba de calor é utilizado para o abastecimento através de condutas.

CHAPTER 2:REVISÃO DA LITERATURA

A literatura sobre Nanofluidos e Bombas de Calor Subterrâneas é abundante. Por conseguinte, este capítulo contém uma breve revisão da literatura. Há muito tempo que se faz investigação neste domínio e segue-se um resumo. Após o levantamento da literatura, o objetivo do presente estudo foi descrito.

2.1 Bomba de calor de fonte subterrânea

Esta secção contém uma breve análise da literatura sobre sistemas de bombas de calor geotérmicas e permutadores de calor geotérmicos, que foram estudados por diferentes investigadores. A análise foi feita em diferentes tipos de metodologia de utilização de energia, técnicas de otimização e conceitos de utilidade económica da energia geotérmica para aplicações de aquecimento e arrefecimento de edifícios, que são os seguintes.

Bojic et al. [27] realizaram um estudo numérico do permutador de calor ar-terra (ATEHE) para determinar o seu desempenho técnico e económico. Os tubos foram colocados sob o solo horizontalmente em diferentes camadas, e o ar foi utilizado como fluido de transferência de calor. Utilizando uma análise em estado estacionário, verificaram que o ATEHE pode cobrir uma parte das necessidades energéticas dos edifícios para aplicações de aquecimento e arrefecimento de espaços. Este estudo também revelou que o custo da energia ATEHE é mais baixo no verão do que no inverno para o seu caso específico.

Nam et al. [28] estudaram os sistemas GSHP devido ao seu coeficiente de desempenho mais elevado do que os sistemas convencionais de bombas de calor de ar (ASHP). Este estudo utilizou métodos numéricos para prever a taxa de injeção de calor no/do solo em função da aplicação necessária para o arrefecimento ou aquecimento do edifício. Muitos estudos mostram imprecisão devido a períodos incertos de funcionamento. Um sistema GSHP de tipo vertical é utilizado para análise. Os resultados deste estudo concordam bem com os do estudo experimental efectuado anteriormente. Conclui-se que a distância entre os tubos afecta a taxa de permuta de calor. Além disso, é necessário um projeto optimizado para aumentar a taxa de permuta de calor e minimizar o custo.

Esen et al. [29] efectuaram um estudo numérico de sistemas de bombas de calor verticais acopladas ao solo utilizando o software computacional comercial ANSYS. Este estudo inclui operações de arrefecimento e aquecimento. Este estudo mostra a distribuição de temperatura em torno dos tubos em U do permutador de calor de furo (BHE) utilizando a técnica de elementos finitos com várias cargas térmicas. Os resultados concluíram que não é necessária uma malha mais fina para a solução da temperatura - além disso, um aumento da profundidade resulta num aumento da diferença de temperatura entre a entrada e a saída.

Tarnawski et al. [30] efectuaram um estudo numérico de um permutador de calor horizontal (HGHE) como componente de um sistema GSHP. O modelo numérico foi desenvolvido para uma casa residencial de 200 m^2 para analisar aplicações de aquecimento e arrefecimento. Conclui-se que o sistema GSHP apresenta uma eficiência mais elevada do que todos os outros tipos de bombas de calor e é amigo do ambiente. O período de retorno do investimento será reduzido durante as operações de arrefecimento, sendo assegurado um melhor conforto térmico no verão. A degradação do calor é totalmente recuperável. A aplicação de circuitos horizontais é viável para a reabilitação de edifícios residenciais e comerciais, especialmente em zonas agrícolas.

Choi et al. [31] estudaram numericamente o efeito da variação das propriedades térmicas do solo não saturado no desempenho de um permutador de calor vertical. Os resultados mostram que o solo não saturado diminui o desempenho do GHE em comparação com o solo saturado. Devido ao funcionamento contínuo, obtém-se uma variação entre a transferência de calor analítica e numérica do GHE. No entanto, as condições do solo não saturado têm um impacto mais abrupto no desempenho do sistema GSHP. Assim, para uma melhor conceção e avaliação do desempenho do sistema GSHP, podem ser recomendadas condições de solo saturado.

Fujii et al. [32] efectuaram um estudo numérico sobre um permutador de calor horizontal de solo do tipo slinky. Este estudo concluiu que os HGHE do tipo slinky são melhores em termos de requisitos de terreno. O espaçamento entre elas não precisa de ser muito grande, ou seja, 2 m seriam suficientes para evitar qualquer interferência entre as bobinas. Para o design ótimo dos HGHEs de bobina deslizante no sistema GSHP, eles mostram que as equações de balanço energético de superfície podem ser modeladas.

Nam e Chae [33] resolveram numericamente a fundação do edifício como um permutador de calor horizontal do sistema GSHP para obter uma conceção óptima. As taxas de permuta de calor foram avaliadas em diferentes condições, tais como a profundidade da instalação, o espaçamento dos tubos, o caudal e a temperatura da água e as condições de funcionamento. Conclui-se que este sistema pode não ser eficiente para operações de arrefecimento devido ao ganho de calor adicional do espaço de estacionamento. As taxas de troca de calor estão a diminuir com o aumento do tempo de funcionamento. E este sistema pode ser energeticamente eficiente em condições limitadas.

Yoon et al. [22] avaliaram experimentalmente a eficiência térmica de diferentes tipos de permutadores de calor subterrâneos horizontais. Foram utilizadas bobinas em espiral e bobinas em forma de sinóvia como GHE de tipo horizontal, e um GHE de tubo em U foi considerado para uma melhor comparação. Este estudo revela que a bobina em espiral é melhor do que o GHE do tipo slinky, enquanto que o GHE do tipo U rejeita mais calor para o solo entre todos. O tipo U foi mais eficiente devido à elevada rejeição de calor. A serpentina em espiral tem uma eficiência de custos superior à de um permutador de calor terrestre horizontal do tipo slinky-coil.

Bansal et al. [34] efectuaram um estudo numérico sobre permutadores de calor terra-tubo-ar para avaliar o desempenho em aplicações de arrefecimento no verão. Verificou-se que o desempenho térmico do EPAHE depende da condutividade térmica do solo e do tempo de funcionamento. Mas não é muito afetado pelo material do tubo. Um aumento da velocidade de escoamento do fluido de transferência de calor resulta num aumento do COP devido a uma maior taxa de rejeição de calor para o solo

Misra et al. [35] efectuou uma análise transiente do permutador de calor em túnel de ar terrestre (EATHE) para determinar os factores de redução de temperatura no verão, utilizando métodos experimentais e numéricos. Conclui que, em condições transientes, ocorre uma alteração da temperatura com o aumento do tempo de funcionamento. Os factores de desclassificação devem ser tidos em conta para otimizar o comprimento do EATHE.

Bansal et al. [36] efectuaram uma simulação numérica utilizando a análise transiente para avaliar o desempenho do EATHE, considerando o efeito da condutividade térmica do solo e a duração da operação. Este estudo concluiu que uma condutividade térmica elevada do solo resulta num melhor desempenho térmico do EATHE. A influência térmica no solo depende da condutividade térmica do solo. O comprimento inicial do EATHE contribui maioritariamente para o desempenho térmico devido à elevada rejeição de calor.

Soni et al. [37] analisaram experimentalmente o sistema GSHP para operações de arrefecimento de edifícios. Este estudo inclui uma análise de desempenho técnico-económico de um dispositivo convencional de arrefecimento de espaços acoplado a um GHE. Os resultados experimentais concluíram que o GHE horizontal é melhor do que o vertical em termos de custo e eficiência, enquanto o vertical é melhor em termos de requisitos de terreno. No entanto, ambos são melhores do que um sistema convencional, uma vez que ambos reduzem o consumo de energia.

Narei et al. [38] estudaram o efeito do nanofluido Al O_{23} /água como fluido de transferência de calor (HTF) na redução do comprimento de uma bomba de calor vertical de fonte subterrânea, utilizando o Algoritmo de Polinização Floral (FAP). Devido às nanopartículas, os fluidos de base têm melhor condutividade térmica e transferência de calor. Conclui-se que, ao utilizar nanofluidos, a resistência térmica da película oferecida pelo HTF diminui e o comprimento do furo diminui 1,3%.

Sivasakthivel et al. [39] realizaram um estudo analítico sobre a viabilidade técnica e económica dos sistemas de bombas de calor geotérmicas utilizando a ferramenta energética RET Screen para as cidades dos Himalaias da Índia. Este estudo concluiu que os sistemas GSHP têm um potencial anual de poupança de energia e reduzem uma quantidade mais significativa de emissões de CO_2 . Este sistema pode ter um período de retorno de 5,2 anos para Darjeeling sem oferecer qualquer incentivo financeiro, o que é uma tecnologia promissora para os países em desenvolvimento.

Sivasakthivel et al. [40] efectuaram uma análise experimental do desempenho térmico de sistemas de bombas de calor geotérmicas, especialmente para cidades dos Himalaias da Índia sujeitas a condições climáticas mistas. Um tubo em U GHX foi instalado no IIT Roorkee para efetuar o estudo experimental. Esta análise revelou que, inicialmente, é possível extrair muito calor, mas este diminui com o tempo de funcionamento. Para a mesma quantidade de carga térmica, o aquecimento do espaço é económico em comparação com o arrefecimento do espaço devido à carga térmica adicional do trabalho do compressor durante a aplicação do arrefecimento.

Pandey et al. [41] aplicaram o método Taguchi para otimizar o desempenho de permutadores de calor subterrâneos para aplicações de arrefecimento e aquecimento de espaços. Os permutadores de calor subterrâneos horizontais e verticais foram considerados para otimização neste estudo. Conclui-se que, para o GHE horizontal, a condutividade térmica do tubo k_p e C_p influenciam significativamente a operação de arrefecimento e aquecimento do espaço. Para a mesma quantidade de carga térmica, o comprimento necessário é mais elevado nas aplicações de arrefecimento do que nas de aquecimento. Para o GHE vertical, a condutividade térmica e o diâmetro do tubo GHX influenciam significativamente a eficiência do condicionamento do espaço.

Kaushal [42] efectuou uma análise de revisão sobre aplicações de arrefecimento e aquecimento geotérmicos utilizando um permutador de calor subterrâneo. A análise mostra que os sistemas GSHP são uma tecnologia promissora e eficaz de aquecimento e arrefecimento de espaços. Um permutador de calor terra-ar-túnel bem concebido pode poupar 25-30% do consumo de eletricidade. Conclui-se também que a conceção e a modelação adequadas do sistema GSHP são essenciais para um rendimento ótimo.

2.2 Nanofluido

Esta secção contém uma breve análise da literatura e uma pesquisa sobre vários nanofluidos efectuada por diferentes investigadores. Foi efectuada uma análise da preparação, estabilidade, propriedades termofísicas e aplicação de transferência de calor de nanofluidos, que são resumidas abaixo.

Devendiran e Amritham [43] efectuaram uma análise de revisão sobre a preparação, caraterização, propriedades e aplicações de nanofluidos. Este estudo inclui a preparação de metais, óxidos metálicos e nanofluidos híbridos, bem como vários métodos utilizados para conhecer as suas características físicas e químicas. Foram realizadas outras discussões sobre as propriedades termofísicas dos nanofluidos, como a condutividade térmica, a viscosidade, etc., para várias áreas de aplicação, como os transportes, o arrefecimento eletrónico, etc.

Yu et al. [10] analisaram a estabilidade de dispersão dos nanofluidos térmicos devido às suas extraordinárias propriedades termofísicas e funcionalidades acrescidas em relação aos fluidos de base. Esta análise de revisão inclui os esforços e progressos recentes no aumento da estabilidade de dispersão de nanofluidos térmicos à base de água e à base de óleo. Em seguida, foram discutidas outras questões e possíveis formas de investigação futura para alcançar uma melhor estabilidade.

Dey et al. [7] efectuaram uma análise de revisão sobre a preparação, estabilidade e propriedades termofísicas dos nanofluidos. Esta análise contém vários métodos de fabrico de nanopartículas e mecanismos de dispersão para preparar nanofluidos estáveis, caraterização, técnicas para avaliar a estabilidade, propriedades termofísicas e coeficiente de transferência de calor por convecção de nanofluidos. Concluiu-se que, mesmo com uma concentração de partículas muito baixa, os nanofluidos têm melhores propriedades termofísicas do que os fluidos de transferência de calor convencionais. Uma concentração mais elevada de partículas conduz a uma queda de pressão elevada, o que constitui um inconveniente significativo para as aplicações mecânicas.

Xuan et al. [16] estudaram experimentalmente os efeitos dos tensioactivos nos fenómenos térmicos e de transporte de nanopartículas em suspensão estável. Este estudo incluiu nanofluidos Cu-água com três concentrações volumétricas diferentes e duas concentrações em massa diferentes de tensioactivos SDBS. Os resultados experimentais concluíram que os tensioactivos afectam de forma notável os fenómenos de transferência de calor e de transporte dos nanofluidos e suprimem o aumento da transferência de calor. Deve ser adicionado um nível ótimo de tensioactivos para evitar a instabilidade; caso contrário, uma quantidade maior pode prejudicar a taxa de transferência de calor.

Namburu et al. [44] realizaram investigações experimentais para avaliar a viscosidade de nanopartículas de óxido de cobre dispersas numa mistura 60:40 (em massa) de etilenoglicol-água. Este experimento foi realizado em temperaturas que variam de -35 °C a 50 °C para garantir suas aplicações em regiões frias. De seguida, foi introduzida uma correlação experimental relacionando a viscosidade com a concentração volumétrica das partículas e a temperatura.

Vajjha et al. [45] fizeram experiências com três diferentes nanofluidos à base de etilenoglicol e água para avaliar a densidade. As medições de densidade foram feitas em temperaturas que variam de 0 °C a 50 °C em várias concentrações volumétricas. Em seguida, esses resultados experimentais foram comparados com a conhecida correlação teórica proposta por Pak & Cho [46], tendo sido encontradas boas concordâncias.

Vajjha & Das [47] investigaram experimentalmente o calor específico de três nanofluidos, isto é, óxido de alumínio, óxido de zinco e nanopartículas de dióxido de silício, numa gama de temperaturas de 315-363 K. A concentração volumétrica das partículas é de 10%. O estudo revela que os pontos de dados medidos não estão de acordo com a correlação existente. Assim, foi ajustada uma nova correlação para estes nanofluidos, que é uma função da concentração volumétrica das partículas, da temperatura e do calor específico das partículas e do fluido de base.

Kulkarni et al. [48] realizaram um estudo experimental sobre a transferência de calor por convecção e a viscosidade e avaliaram a aplicabilidade dos nanofluidos no aquecimento de edifícios em regiões frias, reduzindo a poluição. Foi efectuada uma investigação experimental em três nanofluidos, óxido de cobre, óxido de alumínio e dióxido de silício, para determinar as características de transferência de calor em concentrações volumétricas crescentes. O estudo conclui que a utilização de nanofluidos em permutadores de calor pode reduzir os caudais volumétricos e mássicos, resultando numa poupança de energia através da redução da potência de bombagem. Também minimiza o tamanho dos permutadores de calor, reduzindo os poluentes ambientais.

Sahoo et al. [49] determinaram o comportamento reológico do nanofluido de óxido de alumínio por meio de investigações experimentais e propuseram duas novas correlações de viscosidade em função da temperatura e das concentrações volumétricas. O estudo revela que o nanofluido se comportou como não newtoniano em temperaturas mais baixas, ou seja, -35 ºC a 0 ºC, e newtoniano em temperaturas mais altas, ou seja, de 0 ºC a 90 ºC. Conclui também que a viscosidade aumenta com o aumento da concentração volumétrica e diminui com o aumento da temperatura.

Das et al. [50] efectuaram uma análise de revisão sobre a teoria da transferência de calor de nanofluidos e apresentaram resultados abrangentes e orientações futuras neste domínio. Este estudo abrangeu várias disciplinas, como a transferência de calor, a ciência dos materiais, a física, a engenharia química e a química sintética.

Vajjha et al. [51] efectuaram uma investigação numérica sobre a dinâmica dos fluidos e o desempenho da transferência de calor de nanofluidos de Al O_{23} e CuO sujeitos a escoamento no interior de um tubo plano de um radiador de automóvel. Este estudo revela um aumento notável na transferência de calor por convecção com nanofluidos em relação ao fluido de base em regiões desenvolvidas e em desenvolvimento. O fator de atrito médio local, o coeficiente de transferência de calor por convecção e a queda de pressão aumentam com as concentrações de nanopartículas. Devido à melhor taxa de transferência de calor, a potência de bombagem requer menos para transferir a mesma quantidade de calor.

Vajjha et al. [52] realizaram uma análise experimental da transferência de calor por convecção e do fator de atrito em regimes turbulentos para três nanofluidos em várias concentrações volumétricas e propuseram novas correlações para os mesmos. As propriedades termofísicas medidas foram utilizadas para estabelecer novas correlações para o fator de atrito e o coeficiente de transferência de calor por convecção. A correlação do número de Nusselt proposta é semelhante à equação de Gnielinski, enquanto a correlação do fator de atrito parece ser semelhante à equação de Blasius para o fator de atrito.

Vajjha e Das [53] realizaram uma análise sobre o efeito da concentração volumétrica de partículas e da temperatura nas propriedades termofísicas, na transferência de calor por convecção e no fator de atrito de três nanofluidos diferentes à base de etilenoglicol-água e avaliaram os seus impactos. Este estudo revela que as nanopartículas aumentam significativamente a viscosidade, moderadamente a condutividade térmica e modestamente o calor específico e a densidade. Um aumento da concentração volumétrica de partículas aumenta o coeficiente de transferência de calor por convecção. Concluiu-se também que os nanofluidos podem ser o melhor fluido de transferência de calor em relação aos fluidos convencionais, tanto em condições de fluxo laminar como turbulento.

Sahoo et al. [17] fizeram uma experiência para medir a condutividade térmica do nanofluido de dióxido de silício e propuseram uma nova correlação baseada nos resultados experimentais. A nova correlação é uma combinação do modelo de Hamilton-Crosser e um termo devido ao movimento browniano das partículas. A nova correlação da condutividade térmica é uma função da temperatura, da concentração volumétrica e das propriedades do fluido de base e das nanopartículas.

Vajjha et al. [54] realizaram uma investigação numérica sobre nanofluidos que fluem no interior de um tubo plano de um radiador de automóvel e propuseram novas correlações para o número de Nusselt e o fator de atrito. Este estudo revela que um aumento das concentrações volumétricas de partículas aumenta o fator de atrito e o coeficiente de transferência de calor por convecção a um número de Reynolds constante. Foram propostas correlações do número de Nusselt e do fator de atrito para os nanofluidos que fluem no tubo plano, tanto para o regime de entrada como para o regime totalmente desenvolvido.

Vajjha et al. [55] efectuaram uma análise experimental das propriedades reológicas dos nanofluidos à base de propilenoglicol-água para determinar a viscosidade e propor uma nova correlação. Este estudo conclui que a temperaturas mais baixas (243 K-273 K), os nanofluidos comportam-se como plástico de Bingham e a temperaturas mais elevadas (273 K- 373 K) comportam-se como fluido newtoniano. Assim, foram propostas duas correlações de viscosidade para nanofluidos à base de PG/W, em que a viscosidade é uma função da temperatura, da concentração volumétrica, do diâmetro das partículas e das propriedades das nanopartículas e do fluido de base.

Satti et al. [6] efectuaram investigações experimentais sobre a densidade dos nanofluidos à base de propilenoglicol-água e compararam-nas com as correlações teóricas existentes. Esta análise inclui nanopartículas de Al O_{23} , ZnO, CuO, TiO_2 e SiO_2 dispersas em 60:40 (por volume) de propilenoglicol e água (PG/W) e nanotubos de carbono (CNTs) dispersos em água desionizada (DI). Os resultados experimentais concordaram bem com os resultados de Pak e Cho [46] para a densidade.

Satti et al. [56] efectuaram uma análise experimental das medições do calor específico de cinco nanofluidos diferentes à base de propilenoglicol-água e propuseram uma nova correlação com base nos resultados experimentais. Este estudo conclui que o tamanho das partículas não tem um efeito significativo no calor específico dos nanofluidos. Em seguida, foi proposta uma nova correlação devido a um desvio significativo em relação às correlações de Pak & Cho e Xuan & Roetzel para o calor específico dos nanofluidos.

Sarkar [57] analisou as correlações de transferência de calor por convecção de nanofluidos, tanto em regime laminar como turbulento. Este estudo resume muitas correlações aplicáveis ao cálculo do fator de atrito, do número de Nusselt e de algumas propriedades termofísicas dos nanofluidos, o que representou um quadro geral para as correlações de transferência de calor e de perda de carga.

Sundar e Singh [58] fizeram uma análise de revisão sobre a transferência de calor por convecção e as correlações do fator de atrito do nanofluido num tubo e com inserções. Neste estudo, são disponibilizadas várias correlações para o cálculo do fator de atrito do número de Nusselt para condições de escoamento laminar e turbulento.

Sundar et al. [59] efectuaram uma análise de revisão sobre a viscosidade dos nanofluidos. Este estudo resume as correlações empíricas e teóricas disponíveis para estimar a viscosidade de vários nanofluidos. Também representa um estudo comparativo sobre a viscosidade com base na preparação do nanofluido, concentrações volumétricas, temperatura do nanofluido, tamanho das partículas e natureza dos fluidos de base. Conclui que a viscosidade aumenta com o aumento das concentrações volumétricas e diminui com o aumento da temperatura.

Sharma et al. [60] fizeram uma análise de revisão sobre o comportamento reológico do nanofluido, que contém a influência da forma da partícula, intervalo da taxa de cisalhamento, tipo de nanopartícula, concentração volumétrica, adição de surfactantes e influência de campos magnéticos. Este estudo revela que as nanopartículas de forma esférica apresentam um comportamento de fluxo newtoniano, enquanto os nanotubos apresentam um comportamento de fluxo não newtoniano. O tamanho das partículas, a alteração da taxa de cisalhamento, o tipo de partículas e os campos magnéticos afectam significativamente o comportamento reológico do nanofluido.

2.3 Objetivo

O presente estudo encontrou lacunas específicas na investigação e nos desenvolvimentos no domínio dos sistemas GSHP. A maior parte da investigação foi efectuada para GHE de tipo vertical, e muitos trabalhos foram resolvidos numericamente. Não foi considerada uma seleção eficiente do fluido de trabalho para obter um COP mais elevado do sistema. O fluido de transferência de calor desempenha um papel vital no desempenho dos sistemas GHE e GSHP. A otimização deve ser necessária para melhorar a eficiência global do sistema e minimizar o período de retorno do sistema GSHP. Por conseguinte, esta investigação tem como objetivo empregar nanofluidos como fluido de transferência de calor no permutador de calor subterrâneo para aumentar o seu COP. O presente estudo efectuou uma investigação analítica seguida de uma breve investigação numérica.

 Por isso, este estudo inclui três nanofluidos diferentes, ou seja, óxido de alumínio (Al O_{23}), óxido de cobre (CuO) e dióxido de silício (SiO_2), em quatro concentrações volumétricas diferentes, variando de 1 a 4 %. Para uma melhor comparação, foram seleccionados três fluidos de base: água, metanol-água (MW) e etilenoglicol-água (EGW). A água é um fluido de transferência de calor ideal para as condições climáticas da Índia, enquanto o MW e o EGW são adequados para países frios como os EUA, o Canadá e a Suíça. A literatura mostra que a condutividade térmica do solo indiano varia entre 0,5 e 4 W/ m-K, e a temperatura do solo é de 27 a 29 °C. Portanto, este estudo inclui condutividade térmica do solo de 0,5, 2 e 4 W / m-K, faixa de temperatura do solo entre 22 a 31 °C para trabalho analítico e 27 a 31 °C para trabalho numérico. A temperatura de entrada do fluido é tomada como 38 °C, e a temperatura de saída é de 33 °C inicialmente. Mais tarde, a temperatura de saída será alterada usando a correlação para encontrar a temperatura de saída. A especificação do sistema GSHP é tomada como sistema GSHP CCHRC para determinar a adequação e viabilidade do projeto para as condições climáticas indianas. O caudal volúmico do HTF é considerado constante, ou seja, o mesmo que o do sistema GSHP, CCHRC e Fairbanks. Foi efectuada mais uma comparação entre o comportamento do fluxo de fluido turbulento e laminar. Para o escoamento turbulento, o número de Reynolds é de 8000;

para o laminar, é de 2000, 1000 e 200. Considera-se uma massa de água em vez do solo para efetuar mais uma comparação entre a massa de solo e a massa de água. Finalmente, foi efectuada uma simulação numérica para estabelecer uma comparação global entre o trabalho analítico e o trabalho numérico.

CHAPTER 3:PROPRIEDADES TERMOFÍSICAS

3.1 Importância das propriedades termofísicas

As propriedades termofísicas de um sistema são a medida da resposta a estímulos mecânicos e térmicos. Consistem em propriedades termodinâmicas (descrevem o estado de equilíbrio inicial e final do sistema) e em propriedades de transporte (descrevem o fluxo de calor ou massa do sistema). A ciência da termodinâmica trata do fluxo de energia, relacionando calor e trabalho, e da eficiência da interconversão das várias energias. É essencial determinar a eficiência, o que permite poupar energia e materiais.

As propriedades termofísicas dos fluidos de transferência de calor desempenham um papel vital nos mecanismos de transferência de calor e de escoamento dos fluidos. Por isso, é essencial determinar com exatidão as propriedades termofísicas; nesta investigação: (condutividade térmica, viscosidade, calor específico e densidade). Os nanofluidos apresentam propriedades termofísicas diferentes após a adição de nanopartículas ao fluido de base. Eastman et al. [61] e Vajjha e Das [62] concluíram que estes fluidos bifásicos (nanofluidos) apresentam uma melhor condutividade térmica do que os fluidos de base após a realização de experiências com nanofluidos à base de EG. A densidade, a viscosidade, o calor específico e a condutividade térmica são as propriedades termofísicas mais importantes, essenciais para determinar a transferência de calor. Muito trabalho de investigação tem sido feito sobre as propriedades termofísicas de diferentes nanofluidos e fluidos de base. Apresentam-se de seguida as correlações das propriedades termofísicas dos fluidos de base e dos nanofluidos.

3.2 Densidade

A densidade é uma das propriedades termofísicas mais importantes para avaliar a dinâmica do fluido e o desempenho da transferência de calor dos fluidos de transferência de calor. Para determinar o número de Reynolds, a densidade é um dos parâmetros-chave do fluido. A taxa total de transferência de calor pode ser calculada utilizando a Eq. (3.1) onde a densidade é um dos parâmetros dominantes.

$$\dot{q} = C_p \rho A V (\Delta T) \tag{3.1}$$

Da mesma forma, para estimar o coeficiente de transferência de calor por convecção (h), é necessário calcular o "número de Nusselt" não-dimensional $Nu = hd/k$, que é uma função do número de Reynolds e do número de Prandtl. Esta equação bem conhecida e muito utilizada foi proposta por Dittus-Boelter (Eq. (3.2) e é claramente explicada no livro de texto de Bejan [63].

$$Nu = C.Re^a Pr^b \tag{3.2}$$

O número de Reynolds ($Re = \rho V d / \mu$) é a função da densidade do fluido ρ e da viscosidade μ quando o escoamento se efectua no interior de um tubo com diâmetro d e com velocidade V. Para transferir calor, o fluido de transferência de calor tem de circular no interior dos tubos do permutador de calor. Devido ao escoamento no interior dos tubos do permutador de calor, o HTF está sujeito ao atrito do fluido e, por conseguinte, necessita de potência de bombagem para superar o atrito. Branco [64] apresentou a equação do fator de atrito de Darcy f para determinar a perda de carga por atrito apresentada na Eq. (3.3).

$$\frac{1}{\sqrt{f}} = 2\log\left(Re\sqrt{f}\right) - 0.8 \tag{3.3}$$

A partir da equação acima, é evidente que o fator de atrito é uma função do número de Reynolds Re, que depende da densidade do fluido. Para avaliar a potência de bombagem, $[\dot{W} = \dot{V}\Delta P]$, queda de pressão ΔP ao longo do tubo de comprimento L

que circula com uma velocidade de fluido V e com perda de carga por atrito f é apresentada na Eq. (3.4).

$$\Delta P = \frac{f\rho L V^2}{2d} \tag{3.4}$$

3.2.1 Correlação de densidade de fluidos de base

O presente estudo inclui três fluidos de base: água, metanol-água (rácio de 20:80 em massa) e etilenoglicol-água (rácio de 60:40 em massa). Todas as correlações de densidade estão resumidas na Tabela 3.1.

3.2.1.1 Água

Uma nova correlação de densidade é ajustada para a água, tomando o valor da densidade da água a várias temperaturas do NIST Webbook [65] e da biblioteca em linha Wiley [66]. Posteriormente, foi comparada com a correlação de White [64] de White mostrada abaixo como Eq. (3.5) para ver a diferença. Foi encontrada uma diferença máxima de 0,074% entre elas.

$$\rho = 1000 - 0.0178|T - 4|^{1.7} \tag{3.5}$$

Em que T está em ºC, precisão $= \pm\ 0{,}2$ % e $0\ ºC \leq T \leq 100\ ºC$.

O ajuste da curva é apresentado na Fig.3.1. Abaixo desta figura, a Equação (3.6) é para a temperatura em graus Celsius e a Equação (3.7) é para a temperatura em graus Kelvin.

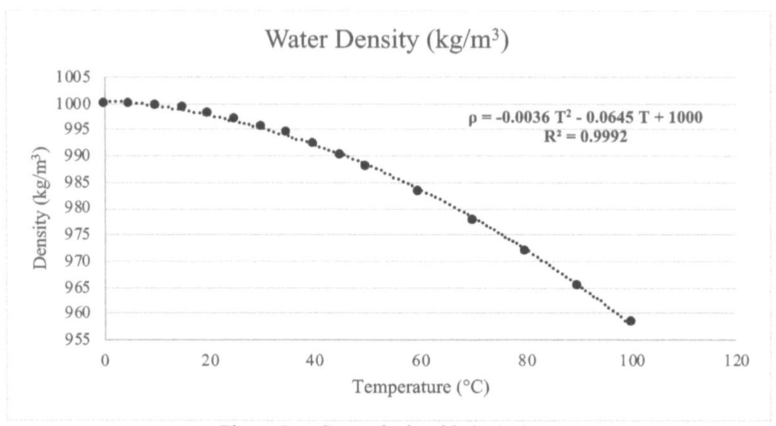

Figura 3.1: Curva de densidade da água

$$\rho = -0.0036\,T^2 - 0.0645\,T + 1000 \qquad (3.6)$$
$$0\ ^{\circ}C \leq T \leq 100\ ^{\circ}C,\ R^2 = 0{,}9992$$

$$\rho = -0.0038\,T^2 + 2.008\,T + 735 \qquad (3.7)$$
$$273\ K \leq T \leq 363\ K,\ R^2 = 0{,}9992$$

3.2.1.2 Metanol-água

Para o fluido de base Metanol-Água (MW), foi ajustada uma correlação de densidade com base nos dados de densidade da Universidade do Alasca em Fairbanks [67]. Os valores ajustados à curva desviam-se dos dados experimentais com um erro máximo de 0,27%. O ajuste da curva é mostrado na Fig.3.2 e a equação (3.8) abaixo dela.

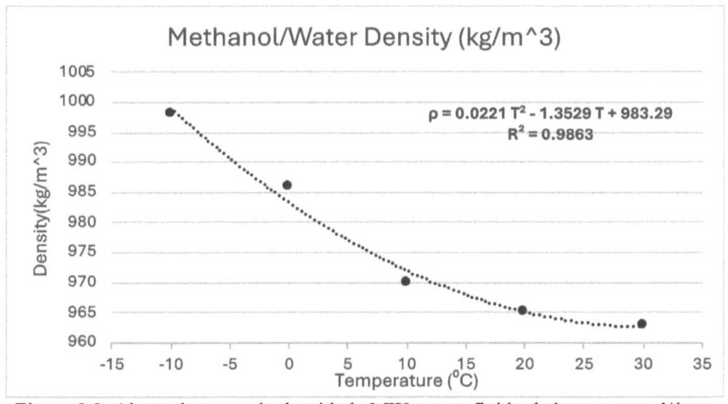

Figura 3.2: Ajuste da curva de densidade MW para o fluido de base metanol/água

$$\rho = 0.0221\,T^2 - 1.3529\,T + 983.29 \tag{3.8}$$
$$0\ ^oC \le T \le 100\ ^oC,\ R^2 = 0,9992$$

3.2.1.3 Etileno glicol-água

Para o etilenoglicol-água (EGW), a correlação da densidade foi encontrada na literatura de Vajjha et al. [45], que ajustou uma curva com base nos dados de densidade ASHRAE para o fluido de base etilenoglicol-água (60:40 em massa), que é apresentada como Eq. (3.9).

$$\rho = -2.43E - 06\,T^2 + 9.6216E - 04\,T + 1.0099261 \tag{3.9}$$
Em que 273 K $\le$ T $\le$ 363 K, $R^2 = 0,9999$

3.2.2 Correlação de densidade de nanofluidos

Pak e Cho [46] propuseram uma correlação de densidade para nanofluidos que é apresentada na Eq. (3.10) onde a densidade do nanofluido é uma função da concentração volumétrica das partículas.

$$\rho_{nf} = \phi\rho_{np} + (1 - \phi)\rho_{bf} \tag{3.10}$$
em que ρ_{nf}, ρ_{np}, e ρ_{bf} são as densidades do nanofluido, das nanopartículas e do fluido de base, respetivamente.

Tabela 3.1: Correlações de densidade para fluidos de base e nanofluidos

Número de série	Correlação de densidade	Proposta para
1.	$\rho = 1000 - 0.0178\lvert T - 4\rvert^{1.7}$ $0\ ^{\circ}\mathrm{C} \leq \mathrm{T} \leq 100\ ^{\circ}\mathrm{C}$	Água
2.	$\rho = -0.0036\,T^2 - 0.0645\,T + 1000$ $0\ ^{\circ}\mathrm{C} \leq \mathrm{T} \leq 100\ ^{\circ}\mathrm{C}$	Água
3.	$\rho = -0.0038\,T^2 + 2.008\,T + 735$ $273\ \mathrm{K} \leq \mathrm{T} \leq 363\ \mathrm{K}$	Água
4.	$\rho = 0.0221\,T^2 - 1.3529\,T + 983.29$ $0\ ^{\circ}\mathrm{C} \leq \mathrm{T} \leq 100\ ^{\circ}\mathrm{C}$	Metanol-água (20:80)
4.	$\rho = -2.43E - 06\,T^2 + 9.6216E - 04\,T$ $+ 1.0099261$ $273\ \mathrm{K} \leq \mathrm{T} \leq 363\ \mathrm{K}$	Etilenoglicol-água (60:40)
5.	$\rho_{nf} = \phi\rho_{np} + (1 - \phi)\rho_{bf}$	Todos os nanofluidos

3.3 Viscosidade

A viscosidade é essencial para determinar os números de Reynolds e de Prandtl para calcular a perda de pressão e a potência de bombagem (Eq. (3.4)), e o coeficiente de transferência de calor por convecção. Como os números de Reynolds (Eq. (3.12)) e Prandtl (Eq. (3.11)) são funções da viscosidade e são utilizados para estimar o número de Nusselt apresentado na Eq. (3.2). Todas as correlações de viscosidade são apresentadas no Quadro 2.

$$Pr = {\mu\,C_p}/{k} \tag{3.11}$$

$$Re = {\rho V d}/{\mu} \tag{3.12}$$

3.3.1 Correlação da viscosidade dos fluidos de base

3.3.1.1 Água

Os fluidos monofásicos possuem uma viscosidade mais elevada perto da sua temperatura de congelação e diminui com o aumento da temperatura, possuindo a viscosidade mais baixa perto do seu ponto de ebulição. Assim, a viscosidade é fortemente afetada por alterações na temperatura do fluido. Branco [64] apresentou uma correlação geral para fluidos puros, que relaciona a viscosidade (μ_f) com a temperatura, que é mostrada na Eq. (3.13).

$$\ln\frac{\mu_f}{\mu_0} = a + b\left(\frac{T_0}{T}\right) + c\left(\frac{T_0}{T}\right)^2 \tag{3.13}$$

em que (μ_0, T_0) são valores de referência, e (a, b, c) são constantes de ajuste de curva sem dimensão. White apresenta as constantes de ajuste da curva, que são diferentes para diferentes fluidos. Para a água, $a = -2.10$, $b = -4.45$, e $c = 6.55$. No presente estudo, a Eq. (3.13) é adoptada para estimar a viscosidade da água a várias temperaturas.

3.3.1.2 Metanol-água

Para o fluido de base metanol-água (MW), foi encontrada uma correlação de viscosidade através de um ajuste simples (embora não universal) de uma curva exponencial, que foi retirada dos dados de viscosidade da Universidade do Alasca Fairbanks [67]. Os valores da curva ajustada diferem dos dados experimentais com um erro máximo de 1,85%. O ajuste da curva é apresentado na Fig.3.3. A correlação curva-ajuste para a viscosidade do fluido de base metanol-água é apresentada na Eq. (3.14).

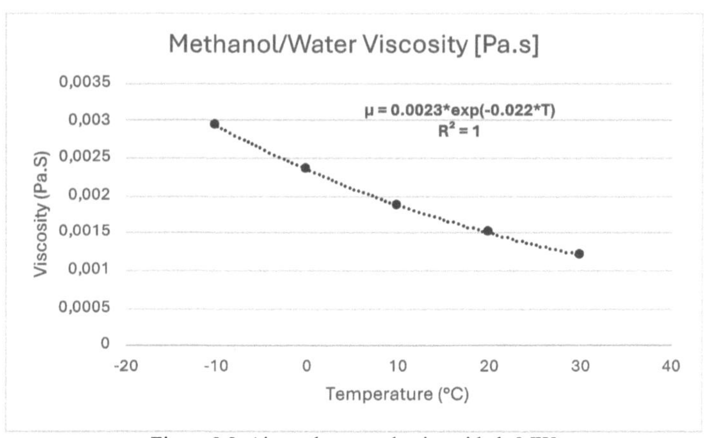

Figura 3.3: Ajuste da curva de viscosidade MW

$$\mu = 0.0023 * \exp(-0.022 * T) \qquad (3.14)$$
$$R^2 = 1, \text{ em que T está em } ^{\circ}C$$

3.3.1.3 Etilenoglicol-água

Para o etilenoglicol-água (EGW), foi encontrada uma correlação de viscosidade na literatura de Vajjha e Das [53]. Eles ajustaram uma curva tomando os dados de viscosidade ASHRAE para o fluido de base etilenoglicol-água (60:40 em massa) apresentados na Eq. (3.15).

$$\mu_{bf} = Ae^{\left(\frac{B}{T}\right)} \qquad (3.15)$$

Sendo $273 \text{ K} \leq T \leq 363 \text{ K}$, $R^2 = 0{,}97$, $A = 0.555 \times 10^{-3}$, $B = 2664$

3.3.2 Correlação de viscosidade de nanofluidos

Muitos investigadores propuseram a correlação da viscosidade para misturas bifásicas. Einstein [68] propôs possivelmente a primeira correlação de viscosidade para uma mistura bifásica, ou seja, partícula suspensa num fluido de base, que é apresentada na Eq. (3.16). Posteriormente, muitas correlações de viscosidade foram propostas por diferentes pesquisadores, as quais são apresentadas de forma tabular na Tabela 3.2.

$$\mu_s = \mu_f \left(1 + \frac{5}{2}\phi\right) \qquad (3.16)$$

Em que μ_f = viscosidade do fluido de base, μ_s = viscosidade do nanofluido/mistura, e ϕ = concentração volumétrica.

Tabela 3.2: Correlações de viscosidade com micro ou nano partículas [53]

Investigadores	Modelos de viscosidade
Einstein (1906)	$\mu_s = \mu_f \left(1 + \frac{5}{2}\phi\right)$
Brinkman (1956)	$\mu_s = \mu_f \dfrac{1}{(1 - \phi)^{2.5}}$
Bacharelato (1997)	$\mu_s = \mu_f \left(1 + \frac{5}{2}\phi + 6.2\,\phi^2\right)$

Bicerano et. al. (1999)	$\mu_s = \mu_f(1 + \eta\phi + k_H\phi^2 + \cdots)$
Kulkarni et. al. (2007) Para CuO-EG/W	$\mu_s = Ae^{B\phi}$
Namburu et. al. (2007) Para Al O$_{23}$ -EG/W	$\mu_{nf} = Ae^{BT}$
Namburu et. al. (2008) Para SiO$_2$ -EG/W	$\mu_{nf} = Ae^{BT}$
Sahoo et al. (2009)	$\mu_{nf} = Ae^{\left(\frac{B}{T}+C\phi\right)}$
Vajjha e Das (2009)	$\mu_{nf} = A_1 e^{A_2\phi}$

A correlação proposta por Vajjha e Das para a viscosidade é aplicável ao etilenoglicol-

água Khanafer e Vafai [69] propuseram modelos de viscosidade para nanofluidos à

base de água para Al O$_{23}$ e CuO que são apresentados na Eq. (3.17) e (3.18). Estes

modelos foram comparados com o modelo de Vajjha e Das.

$$
\mu_{eff} = -0.4491 + \frac{28.837}{T} + 0.574\phi_p - 0.1634\,\phi_p^{\,2}
$$
$$
+ 23.053\frac{\phi_p^{\,2}}{T^2} + 0.0132\,\phi_p^{\,3} - 2354.735\frac{\phi_p}{T^3} \qquad (3.17)
$$
$$
+ 23.498\frac{\phi_p^{\,2}}{d_p^{\,2}} - 3.0185\frac{\phi_p^{\,3}}{d_p^{\,2}}
$$

$1\% \leq \phi_p \leq 9\%,\ 20 \leq T\ (^oC) \leq 70,\ 13\ \text{nm} \leq d_p \leq 131\ \text{nm};\ \text{Unidades: mm Pa.s}$

$$
\mu_{eff} = -0.4262 + \frac{8.4312}{T} + 0.898\phi_p + \frac{524.7147}{T^2} - 0.2217\,\phi_p^{\,2}
$$
$$
- 4.7329\frac{\phi_p}{T} + 70.3105\frac{\phi_p^{\,2}}{T^2} + 0.0176\,\phi_p^{\,3} \qquad (3.18)
$$
$$
- 5559.4641\frac{\phi_p}{T^3}
$$

$1\% \leq \phi_p \leq 9\%,\ 20 \leq T\ (^oC) \leq 70,\ d_p = 29\ \text{nm};\ \text{Unidades: mm Pa.s}$

A comparação entre o modelo de Vajjha e Das e o modelo de Khanafer e Vafai foi

efectuada considerando uma concentração volumétrica de 2%. Os gráficos destes dois

modelos são apresentados na Fig.3.4 e na Fig.3.5 para Al O$_{23}$ e nanofluido de CuO,

respetivamente.

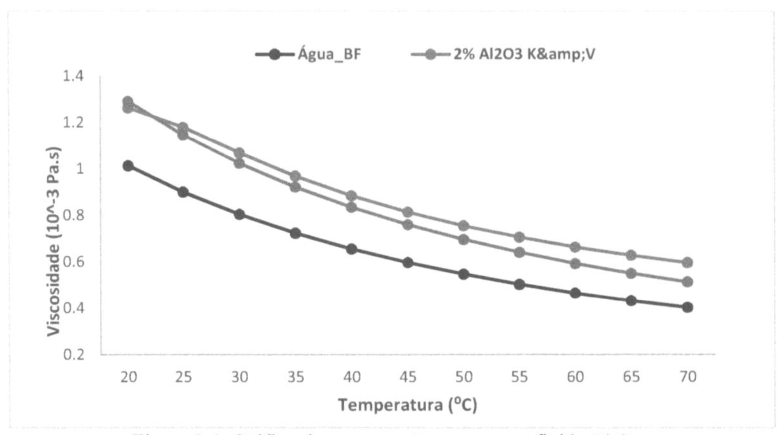

Figura 3.4: Gráfico de comparação para o nanofluido Al O $_{23}$

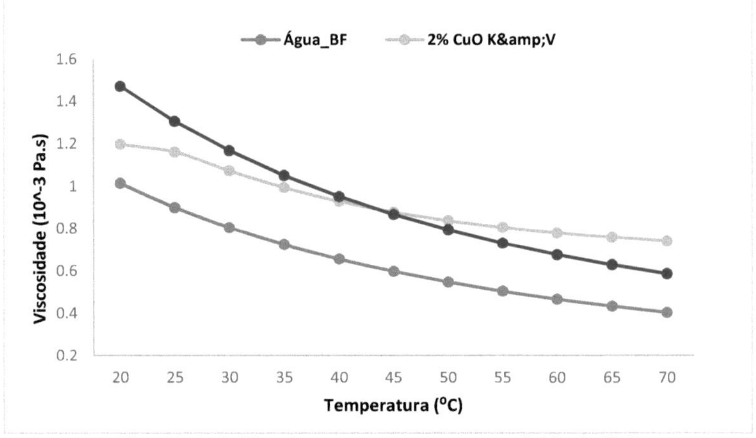

Figura 3.5: Gráfico de comparação para o nanofluido de CuO

Os gráficos de comparação mostram que os modelos de viscosidade de Khanafer e Vafai para nanofluidos diferem do modelo de Vajjha e Das em ambos os extremos (baixas e altas temperaturas). O modelo de viscosidade de Vajjha e Das para nanofluidos estava em estreita concordância com as suas medições experimentais. Todas as correlações de viscosidade utilizadas no presente estudo são apresentadas na Tabela 3.3.

Tabela 3.3: Correlações de viscosidade para fluidos de base e nanofluidos

N.º de Sl.	Correlação de viscosidade	Proposta para
1.	$\ln\dfrac{\mu_f}{\mu_0} = a + b\left(\dfrac{T_0}{T}\right) + c\left(\dfrac{T_0}{T}\right)^2$ $a = -2.10,\ b = -4.45,\ c = 6.55$	Água
2.	$\mu = 0.0023 * \exp(-0.022 * T)$	Metanol-água (20:80)
3.	$\mu_{bf} = Ae^{\left(\frac{B}{T}\right)}$ $A = 0.555 \times 10^{-3},\ B = 2664$	Etilenoglicol-água (60:40)
4.	$\mu_{nf} = A_1 e^{A_2 \phi}$	Todos os nanofluidos

3.4 Calor específico

A capacidade térmica específica é uma propriedade termofísica crítica que é útil para avaliar o número de Prandtl não-dimensional, que é apresentado na Eq. (3.11). No presente estudo, foram utilizadas diferentes correlações de calor específico para fluidos de base e a conhecida correlação de Xuan & Roetzel [70] foi adoptada para os nanofluidos.

3.4.1 Correlação de calor específico para fluidos de base

3.4.1.1 Água

Para a água, foi ajustada uma curva polinomial com base nos valores de calor específico da água a várias temperaturas do Webbook do NIST [65] e da biblioteca em linha Wiley [66]. Foi encontrado um erro máximo de 0,024% entre os valores NIST e os valores ajustados à curva. A curva ajustada é mostrada na Fig. 3.6 e a correlação curva-ajuste é apresentada na Eq. (3.19) para graus C e Eq. (3.20) para os graus K.

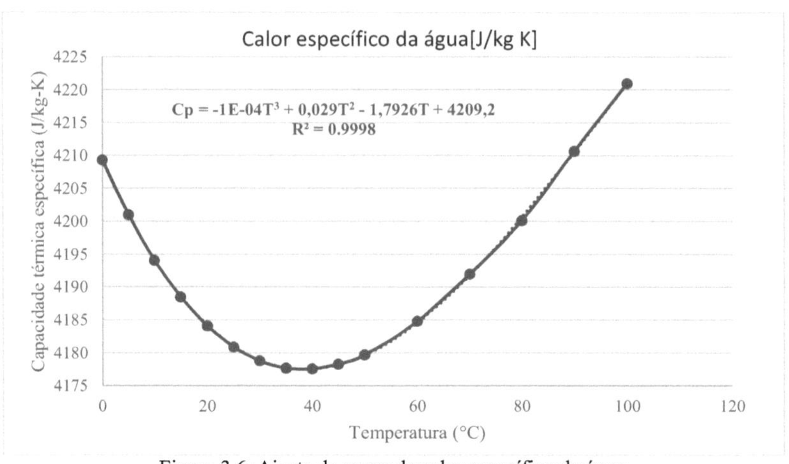

Figura 3.6: Ajuste da curva de calor específico da água

$$C_P = -10^{-4}T^3 + 0.029T^2 - 1.7926T + 4209.2 \qquad (3.19)$$
$$0\ ^\circ C \leq T \leq 100\ ^\circ C,\ R^2 = 0{,}9998$$

$$C_P = -1.1 \times 10^{-4}T^3 + 0.12085T^2 - 43.08T + 9200 \qquad (3.20)$$
$$273\ K \leq T \leq 363\ K,\ R^2 = 0{,}9898$$

(20)

3.4.1.2 Metanol-água

Para o fluido de base metanol-água (MW), a correlação do calor específico foi ajustada com base nos dados experimentais da Universidade do Alasca em Fairbanks [67]. Os valores da curva ajustada diferem dos dados experimentais com um erro máximo de 0,4 %. O ajuste da curva é apresentado na Fig.3.7. A correlação curva-ajuste para o calor específico do fluido de base metanol-água é apresentada na Eq. (3.21).

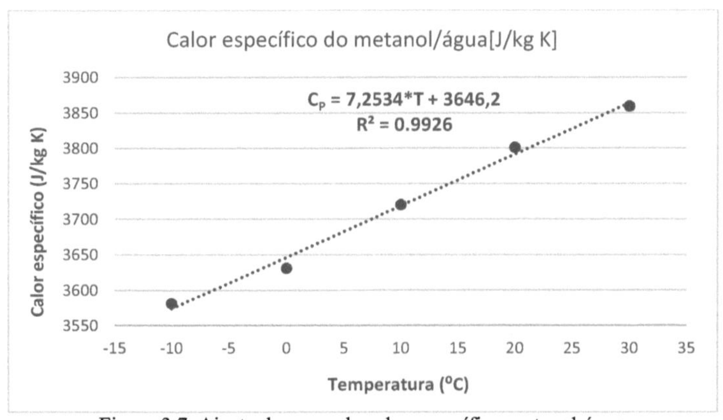

Figura 3.7: Ajuste da curva de calor específico metanol-água

$$C_P = 7.2534 \times T + 3646.2 \qquad (3.21)$$
$R^2 =0,9926$, em que T está em °C

3.4.1.3 Etilenoglicol-água

Para o etilenoglicol-água (EGW), foi retirada da literatura uma correlação de calor específico. Vajjha e Das [53] ajustaram uma curva polinomial tomando os dados da ASHRAE para o fluido de base etilenoglicol-água (60:40 em massa) que é apresentado na Eq. (3.22).

$$C_P = 4.2483 \times T + 1882.4 \qquad (3.22)$$
$R^2 =1$, em que T está em Kelvin

3.4.2 Correlação de calor específico para nanofluidos

Encontram-se na literatura correlações de calor específico para nanofluidos propostas por vários investigadores, que são apresentadas na Tabela 3.4. A correlação mais conhecida é a de Xuan e Roetzel [70] foi selecionada para utilização no presente estudo.

Tabela 3.4: Correlações de calor específico para nanofluidos

Proposto por	Correlação
Pak e Cho [46]	$C_{Pnf} = \phi_p C_{Pp} + (1 - \phi_p) C_{pbf}$

Xuan e Roetzel [70]	$$C_{Pnf} = \frac{\phi_p \rho_p C_{Pp} + (1 - \phi_p)\rho_{bf} C_{pbf}}{\rho_{nf}}$$
Vajjha e Das [47]	$$\frac{C_{Pnf}}{C_{Pbf}} = \frac{\left(A(T/T_0) + B\left(C_{Pp}/C_{Pbf}\right)\right)}{(C + \phi)}$$

Todas as correlações de calor específico para fluidos de base são apresentadas no Quadro 3.5 infra.

Para nanofluidos, uma correlação geral para nanofluidos seguindo Xuan e Roetzel [70] é recomendada na Tabela 3.5 abaixo.

Tabela 3.5: Correlações de calor específico para fluidos de base e nanofluidos

Sl. Não	Correlação	Proposta para
1	$C_P = -10^{-4}T^3 + 0.029T^2 - 1.7926T + 4209.2$ (T em °C)	Água
2	$C_P = 7.2534 \times T + 3646.2$ (T em °C)	Metanol-água (20:80)
3	$C_P = 4.2483 \times T + 1882.4$ (T em Kelvin)	Etilenoglicol-água (60:40)
4	$C_{Pnf} = \dfrac{\phi_p \rho_p C_{Pp} + (1 - \phi_p)\rho_{bf} C_{pbf}}{\rho_{nf}}$	Todos os nanofluidos

3.5 Condutividade térmica

A condutividade térmica é a propriedade termofísica mais importante que atrai muitos investigadores para a exploração de nanofluidos devido ao seu aumento de valor em relação ao fluido de base. Influencia diretamente a taxa de transferência de calor. Eastman et. al. [61] relataram que a adição de nanopartículas resultou num aumento de aproximadamente 10% na condutividade térmica do fluido de mistura em relação ao fluido de base. A condutividade térmica do nanofluido é uma função das condutividades térmicas do fluido de base e das nanopartículas. Por conseguinte, é muito importante estimar com exatidão a condutividade térmica dos fluidos de base a várias temperaturas do fluido.

3.5.1 Correlação de condutividade térmica para fluidos de base

3.5.1.1 Água

Para a água, foi ajustada uma curva polinomial tomando os valores de condutividade térmica da água a várias temperaturas do NIST Webbook [65] e Wiley [66]. Foi encontrado um erro máximo de 0,47% entre os valores NIST e os valores ajustados à curva. A curva ajustada é mostrada na Fig.3.8 e a correlação curva-ajuste é apresentada na Eq. (3.23). Ray et al. [71] ajustaram outra curva polinomial para a condutividade térmica da água, utilizando dados da ASHRAE [72], que é dada na Eq. (3.24)onde a temperatura é em Kelvin.

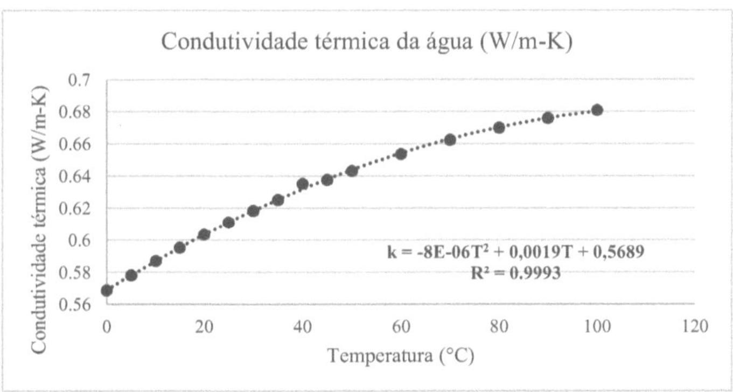

Figura 3.8: Ajuste da curva de condutividade térmica da água

$$k_w = -8 \times 10^{-6}T^2 + 0.0019T + 0.5689, \ R^2 = 0,9993 \tag{3.23}$$

Em que T está em graus Celsius, 0 °C $\leq$ T $\leq$ 100 °C

$$k_w = -8.1585 \times 10^{-6}T^2 + 6.4704 \times 10^{-3}T - 0.5997, \ R^2 = 0,99 \tag{3.24}$$

Sendo T em kelvin, 273 K < T < 373 K

3.5.1.2 Metanol-água

Para o fluido de base metanol-água (MW), a correlação da condutividade térmica foi ajustada com base nos dados experimentais da Universidade do Alasca em Fairbanks [67]. O valor da curva ajustada difere dos dados experimentais com um erro máximo de 0,34%. A curva ajustada é mostrada na Fig.3.9. A correlação curva-ajuste para a condutividade térmica do fluido de base metanol-água é apresentada na Eq. (3.25).

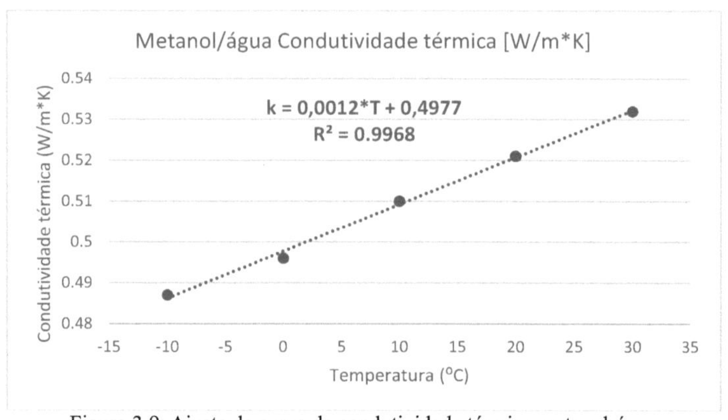

Figura 3.9: Ajuste da curva de condutividade térmica metanol-água

$$k_{mw} = 0.0012 \times T + 0.4977, R^2 = 0,9968 \tag{3.25}$$

em que T está expresso em graus Celsius.

3.5.1.3 Etilenoglicol-água

Para a condutividade térmica do etilenoglicol-água (EGW), foi encontrada na literatura uma correlação térmica. Vajjha e Das [53] ajustaram uma curva polinomial tomando os dados da ASHRAE para o fluido de base etilenoglicol-água (60:40 em massa), que é apresentado na Eq. (3.26). Outra correlação foi proposta por Ray et al. [71] para a condutividade térmica do etilenoglicol-água, que é dada na Eq. (3.27).

$$-3 \times 10^{-6}T^2 + 0.0025T - 0.1057, R^2 = 1, T \text{ está em kelvin} \tag{3.26}$$

$$\left(\frac{k}{k_0}\right)_{bf} = A + B\left(\frac{T}{T_0}\right) + C\left(\frac{T}{T_0}\right)^2 , \text{R}^2 = 0{,}999 \qquad (3.27)$$

em que $k_0 = 0.342\,\frac{\text{W}}{\text{m K}}$, $A = -0.2939$, $B = 1{,}981$, e $C = -0.6868$. Para -273K

Eq. (3.27) é utilizada no presente estudo para determinar a condutividade térmica do fluido à base de etilenoglicol-água a várias temperaturas.

3.5.2 Correlações de condutividade térmica para nanofluidos

Muitos investigadores realizaram muitos estudos experimentais e teóricos com vista a uma modelização eficaz dos nanofluidos. Prasher et. al. [73] propuseram um modelo condutivo-convectivo, que é a combinação do modelo Maxwell-Garnett com um termo de convecção devido ao movimento browniano das nanopartículas no interior do fluido de base, que é apresentado na Tabela 3.6. Mais tarde, Koo e Kleinstreuer [74] apresentaram um modelo diferente para nanopartículas esféricas, que é uma combinação do conhecido modelo de Hamilton-Crusher e um termo convectivo devido ao movimento browniano da partícula, que é dado na Eq. (3.28). Vajjha e Das[53] mediram a condutividade térmica de quatro nanofluidos (Al O_{23} , CuO, SiO_2 , e ZnO) e concluíram que o modelo de Koo e Kleinstreuer pode representar estes quatro nanofluidos com sucesso, ajustando corretamente as constantes empíricas. Em seguida, desenvolveram as relações funcionais para β e $f(T, \phi)$ e apresentaram uma versão modificada do modelo de Koo e Kleinstreuer. As relações funcionais para $f(T, \phi)$ é apresentada na Eq. (3.29).

$$k_{nf} = \frac{k_p + 2k_{bf} - 2(k_{bf} - k_p)\phi}{k_p + 2k_{bf} + (k_{bf} - k_p)} k_{bf} + 5 \qquad (3.28)$$
$$\times 10^4 \beta \phi \rho_{bf} C_{Pbf} \sqrt{\frac{kT}{\rho_p d_p}} f(T, \phi)$$

em que β é uma função de ϕ e depende do tipo de nanopartículas, $f(T, \phi)$ é função de T e ϕ, que são derivadas de experiências como constantes de ajuste de curva.

$$f(T, \phi) = (2.8217 10^{-2}\phi + 3.917 \times 10^{-3})\left(\frac{T}{T_0}\right) \tag{3.29}$$
$$+ (-3.0669 \times 10^{-2}\phi - 3.91123 \times 10^{-3})$$

Os valores experimentais acima referidos foram obtidos para nanofluidos à base de EG/W.

Khanafer e Vafai [69] propuseram uma correlação geral para a condutividade térmica do nanofluido Al O_{23} -água, que é dada pela Eq. (3.30). De forma semelhante, desenvolveram outro modelo para o nanofluido CuO-água à temperatura ambiente para estimar a condutividade térmica apresentada na Eq. (3.32).

$$\frac{k_{eff}}{k_f} = 0.9843 + 0.398\phi_p{}^{0.7383}\left(\frac{1}{d_p}\right)^{0.2246}\left(\frac{\mu_{eff}(T)}{\mu_f(T)}\right)^{0.0235} \tag{3.30}$$
$$- 3.9517\frac{\phi_p}{T} + 34.034\frac{\phi_p{}^2}{T^3} + 32.509\frac{\phi_p}{T^2}$$

em que $0 \leq \phi_p \leq 10$, $11\ nm \leq d_p \leq 150\ nm$, $20\ ^oC \leq T \leq 70\ ^oC$ e a viscosidade dinâmica (Pa.s) da água a várias temperaturas pode ser expressa como,

$$\mu_f(T) = 2.414 \times 10^{-5} \times 10^{247.8/(T-140)} \tag{3.31}$$

Para o nanofluido CuO-água, à temperatura ambiente,

$$\frac{k_{eff}}{k_f} = 1.0 + 1.0112\phi_p + 2.4375\phi_p\left(\frac{47}{d_p(nm)}\right) \tag{3.32}$$
$$- 0.0248\phi_p\left(\frac{k_p}{0.613}\right)$$

Os dois modelos de condutividade térmica acima referidos foram comparados com o modelo de Vajjha e Das e verificou-se que o desvio máximo entre eles para Al O_{23} e CuO é de 4,71% e 4,51%. Um gráfico de comparação para o nanofluido Al O_{23} - água foi desenhado e apresentado na Fig.3.10.

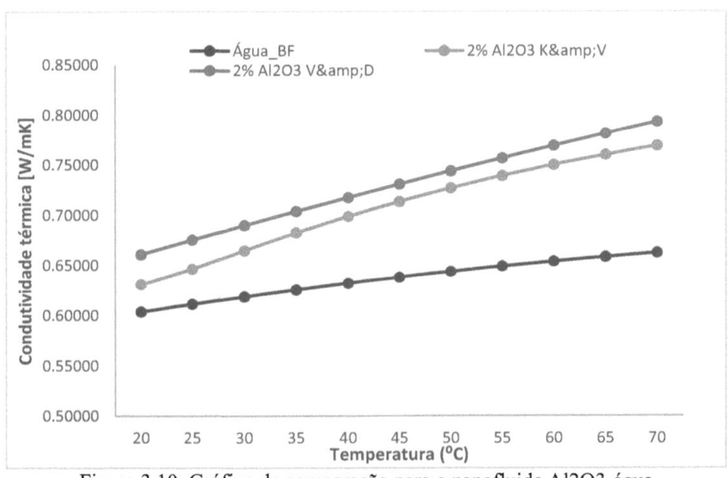

Figura 3.10: Gráfico de comparação para o nanofluido Al2O3-água

Da mesma forma, para o nanofluido CuO-água, o desvio máximo do valor da condutividade térmica a várias temperaturas ambiente entre o modelo de Khanafer e Vafai e o modelo de Vajjha e Das é calculado e resumido na Tabela 3.6.

Tabela 3.6: Desvio da condutividade térmica do nanofluido CuO-água

Temperatura ambiente (ºC)	Erro % $\left[\left(\frac{k_{khanafer}-k_{Vajjha}}{k_{Khanafer}}\right)\times 100\right]$
23	3.62
25	4.06
27	4.51

No presente estudo, as correlações de Vajjha e Das para nanofluidos foram utilizadas para estimar a condutividade térmica porque as suas correlações foram derivadas de experiências com quatro nanofluidos diferentes, o que confere alguma universalidade à correlação. Todas as correlações de condutividade térmica são apresentadas na Tabela 3.7, que foram utilizadas para fluidos de base e nanofluidos.

Tabela 3.7: Correlações de condutividade térmica para fluidos de base e nanofluidos

Sl. Não	Correlação	Proposta para

1	$$k_w = -8 \times 10^{-6}T^2 + 0.0019T + 0.5689$$ (T em °C)	Água
2	$$k_{mw} = 0.0012 \times T + 0.4977$$ (T em °C)	Metanol-água (20:80)
3	$$\left(\frac{k}{k_0}\right)_{bf} = A + B\left(\frac{T}{T_0}\right) + C\left(\frac{T}{T_0}\right)^2$$ (T em Kelvin)	Etilenoglicol-água (60:40)
4	$$k_{nf} = \frac{k_p + 2k_{bf} - 2(k_{bf} - k_p)\phi}{k_p + 2k_{bf} + (k_{bf} - k_p)}k_{bf} + 5 \\ \times 10^4 \beta\phi\rho_{bf}C_{Pbf}\sqrt{\frac{kT}{\rho_p d_p}}f(T,\phi)$$	Todos os nanofluidos

3.6 Correlações do número de Nusselt

É um dos números não dimensionais importantes, que é uma função do número de Reynolds (Re) e do número de Prandtl (Pr) para estimar o coeficiente de transferência de calor por convecção (h). Diversos investigadores propuseram na literatura uma correlação do número de Nusselt ($Nu = hd/k$) para nanofluidos em condições de escoamento turbulento e laminar. O presente estudo inclui o comportamento de escoamento turbulento e laminar do nanofluido e a convecção natural na superfície exterior quando o GHE é sujeito a imersão numa massa de água.

Para os fluidos de base água e metanol-água, a bem conhecida correlação de Dittus-Bolter e a equação de Gnielinski para o fluido de base etilenoglicol-água (EGW) são utilizadas no presente estudo para avaliar o número de Nusselt e, por conseguinte, o coeficiente de transferência de calor por convecção.

Vajjha et al. [52] propuseram uma nova correlação do número de Nusselt para nanofluidos de Al O_{23} , CuO e SiO_2 baseados em EGW (60:40 em massa), que é mostrada na Eq. (3.33).

$$Nu_{nf} = 0.065(Re^{0.65} - 60.22)(1 + 0.0169\phi^{0.15})Pr^{0.542} \tag{3.33}$$

Além disso, alargaram este trabalho e propuseram uma versão modificada da equação de Dittus-Bolter para nanofluidos para calcular o número de Nusselt dado na Eq. (3.34) e foi utilizada neste estudo para todos os nanofluidos em regime turbulento.

$$Nu_{nf} = 0.023Re^{0.8}Pr^{0.3}(1 + 0.1771\phi^{0.1465}) \qquad (3.34)$$
$$1{,}988 < Pr < 13{,}44,\ 3000 < Re < 8000,\ 0 < \phi < 0{,}06$$

Devido ao limitado trabalho de investigação no regime laminar, não existem muitas correlações do número de Nusselt disponíveis para nanofluidos. Por conseguinte, para todos os fluidos de base e nanofluidos, é utilizada a correlação empírica na Eq. (3.35). Esta é uma equação bem comprovada para líquidos monofásicos sob temperatura constante da parede, que é próxima da condição de temperatura da bobina de terra no GHE.

$$Nu = 3.66, for\ constant\ wall\ temperature \qquad (3.35)$$

Maiga et. al. [75] propuseram uma nova correlação para nanopartículas γ- Al O_{23} dispersas em água e EGW 60:40 (em massa) em regimes de fluxo laminar para estabelecer o número de Nusselt, que é apresentado na Eq. (3.36) e (3.37).

$$Nu_{nf} = 0.086Re_{nf}^{0.55}Pr_{nf}^{0.5}, for\ constant\ wall\ heat\ flux \qquad (3.36)$$

$$Nu_{nf} = 0.28Re_{nf}^{0.35}Pr_{nf}^{0.36}, for\ constant\ wall\ temperature \qquad (3.37)$$
$$Re \leq 1000,\ 6 \leq Pr \leq 753,\ e\ \phi \leq 10\%$$

Todas as correlações do número de Nusselt são apresentadas num formato tabular na Tabela 3.8. Estas correlações foram utilizadas no presente estudo para comparar as previsões efectuadas por diferentes correlações. Foi criado um gráfico entre a correlação empírica (Nu = 3,66) e a correlação proposta (Maiga et. al.), que é apresentado na Fig. 3.11.

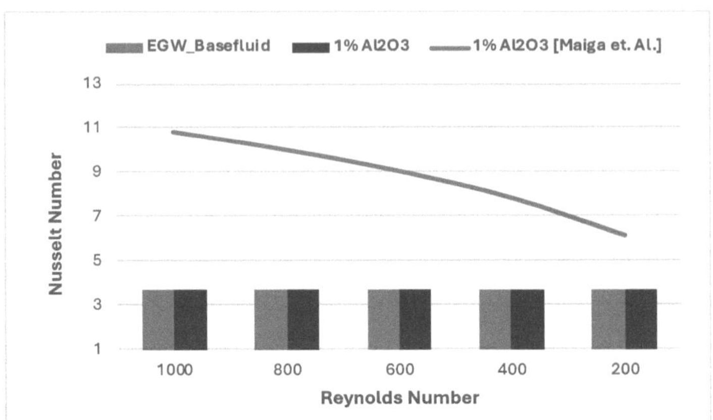

Figura 3.11: Comparação do número de Nusselt para uma temperatura constante da parede

A partir do gráfico de comparação acima, pode concluir-se que os nanofluidos geram um número de Nusselt mais elevado no regime laminar, em comparação com os fluidos monofásicos.

No caso de um GHE sujeito a imersão numa massa de água, a convecção natural ocorre na superfície exterior do tubo do GHE. Para a convecção natural, no caso de um cilindro horizontal longo, calcula-se pela Eq. (3.38).

$$Nu_D = \left\{ 0.6 + 0.387 \left[\frac{Ra_D}{[1 + (0.559/Pr)^{9/16}]^{16/9}} \right]^{1/6} \right\}^2 \qquad (3.38)$$

em que $10^{-6} \leq Ra_D$, $Ra_D = \frac{g\beta\Delta T D^3}{v\alpha}$, Ra_D = número de Rayleigh

Tabela 3.8: Correlações do número de Nusselt

Correlações do número de Nusselt	Descrição
(1) $Nu = 0.023Re^{0.8}Pr^{0.3}$	Água, fluidos de base metanol-água (Turbulento) [Dittus-Bolter de [63]]
(2) $Nu = 0.012(Re^{0.87} - 280)Pr^{0.4}$	Etileno glicol-água (Turbulento) [Gnielinski de [63]]
(3) $Nu = 0.023Re^{0.8}Pr^{0.3}\left(1 + 0.1771(\phi^{0.1465})\right)$	Para todos os nanofluidos (Turbulento)

72

$$\text{[Vajjha et al.] [52]}$$

(4) $Nu = 3.66$ para uma temperatura constante da parede	Para todos os fluidos (Laminar) [63]
(5) $Nu = 0.28Re^{0.35}Pr^{0.36}$ para uma temperatura constante da parede	Para o nanofluido Al2O3-EGW (Laminar) [75]
(6) $Nu_D = \left\{ 0.6 + 0.387\left[\dfrac{Ra_D}{\left[1+(0.559/Pr)^{9/16}\right]^{16/9}}\right]^{1/6} \right\}^2$	Para massas de água, a superfície exterior do tubo PEAD está sujeita a convecção natural [76]

3.7 Fator de atrito e potência de bombagem

A potência de bombagem é necessária para bombear o fluido de transferência de calor através do permutador de calor no solo para transferir a energia térmica. A estimativa da potência de bombagem é essencial para determinar o COP do sistema. Pode ser calculada utilizando a Eq. (3.39) de White [64].

$$W_p = \frac{m_L}{\eta \rho_L} \Delta P \tag{3.39}$$

Em que m_L= caudal mássico do fluido, ρ_L= densidade do fluido, ΔP= perda de carga, η = eficiência da bomba.

A queda de pressão (ΔP) pode ser avaliada como indicado na Eq. (3.40) [64];

$$\Delta P = \frac{fL\rho_L V^2}{2D_h} \tag{3.40}$$

Em que f= fator de atrito, L= comprimento do circuito do GHE, D_h= diâmetro hidráulico da tubagem, V= velocidade de escoamento do fluido.

O presente estudo utilizou a correlação do fator de atrito de Churchill de Incropera et al. [76] apresentada na Eq. (3.41).

$$f = 8\left(\left(\frac{8}{Re}\right)^{12} + (a+b)^{-1.5}\right)^{\frac{1}{12}} \tag{3.41}$$

Onde

$$a = \left(2.457\ln\left(\left(\frac{7}{Re}\right)^{0.9} + 0.27\frac{\varepsilon}{D}\right)^{-1}\right)^{16} \quad e \quad b = \left(\frac{37530}{Re}\right)^{16}$$

Vajjha e Das [53] propuseram uma nova correlação do fator de atrito para o nanofluido, que é uma forma semelhante da conhecida equação de Blasius apresentada na Eq. (3.42).

$$f_{nf} = 0.3164\, Re^{-0.25} \left(\frac{\rho_{nf}}{\rho_{bf}}\right)^{0.797} \left(\frac{\mu_{nf}}{\mu_{bf}}\right)^{0.108} \tag{3.42}$$

em que $f_{bf} = 0.3164\, Re^{-0.25}$ que é substituído pela correlação do fator de atrito de Churchill para o fluido de base.

Assim, a correlação modificada do fator de atrito é,

$$f_{nf} = f_{Churchill} \left(\frac{\rho_{nf}}{\rho_{bf}}\right)^{0.797} \left(\frac{\mu_{nf}}{\mu_{bf}}\right)^{0.108} \tag{3.43}$$

Assim, a correlação do fator de atrito utilizada no presente estudo é a correlação de Churchill para o fluido de base e a correlação de Vajjha e Das para o nanofluido, que é apresentada na Eq. (3.43)Outras correlações de factores de atrito para fluidos monofásicos encontradas na literatura são apresentadas na Tabela 3.9.

Tabela 3.9: Correlações dos factores de atrito

De série. Não	Correlação	Proposto por
1	$f = 8\left(\left(\frac{8}{Re}\right)^{12} + (a+b)^{-1.5}\right)^{\frac{1}{12}}$	Churchill
2	$\frac{1}{\sqrt{f}} = -2\log\left(\frac{\varepsilon/D_h}{3.7} + \frac{2.51}{Re\sqrt{f}}\right)$	Colebrook-Branco
3	$\frac{1}{\sqrt{f}} = -2\log\left(\frac{\varepsilon}{3.7D_h} + \frac{5.74}{Re^{0.9}}\right)$	Swamee-Jain
4	$f_{nf} = 0.3164\, Re^{-0.25}\left(\frac{\rho_{nf}}{\rho_{bf}}\right)^{0.797}\left(\frac{\mu_{nf}}{\mu_{bf}}\right)^{0.108}$	Vajjha-Das

3.8 Conceção do permutador de calor no solo

O projeto do permutador de calor subterrâneo depende de muitos parâmetros como a temperatura do solo, a condutividade térmica do solo, a geometria do circuito do GHE, o material do tubo e o fluido de transferência de calor. É adaptado um procedimento analítico simples, que é o método da resistência térmica, para estimar a transferência de calor utilizando as relações de Incropera et al. [76]. As equações utilizadas para estimar a transferência de calor, o COP, a resistência térmica, etc., são apresentadas de seguida na Eq.(3.44)-(3.48)) [76].

O coeficiente de desempenho (COP) do permutador de calor no solo pode ser determinado utilizando a Eq. (3.44),

$$COP = \frac{Q_{Rej}}{W_{comp} + W_{pump}} \tag{3.44}$$

em que Q_{Rej} =calor rejeitado pelo circuito GHE para o solo, W_{comp} =trabalho do compressor, W_{pump} =trabalho da bomba

Rejeição de calor,

$$Q_{Rej} = \rho_L \times dV \times C_L \times (T_{Lin} - T_{Lout}) \tag{3.45}$$

em que ρ_L = densidade do fluido de transferência de calor, dV = caudal volúmico C_L = calor específico do fluido de transferência de calor T_L = temperatura do fluido de transferência de calor

Para uma temperatura de entrada constante, a temperatura de saída do fluido de transferência de calor pode ser encontrada utilizando a seguinte equação,

$$T_{Lout} = (T_{Lin} - T_g) \times exp\left(\frac{-L}{\rho_L dV C_L R_{total}}\right) + T_g \tag{3.46}$$

em que T_g =temperatura do solo, L = comprimento do circuito de terra, R_{total} = resistência térmica total

A resistência térmica total pode ser calculada utilizando as seguintes correlações, que não é mais do que a soma de todas as resistências térmicas individuais. No caso do presente estudo, três resistências térmicas atravessam o caminho de transferência de calor dado na Eq. (3.47), (3.48)e (3.49).

$$R_{Conv.} = \frac{1}{\pi D_i h_L}, \qquad h_L = \frac{N_u \times k_{nf}}{D_i} \tag{3.47}$$

$$R_{Pipe} = \frac{\ln\left(\frac{D_o}{D_i}\right)}{2\pi k_{pipe}} \tag{3.48}$$

$$R_{Soil} = \frac{1}{S k_{Soil}}$$

em que S= fator de forma da condução

$$S = \begin{bmatrix} \frac{2\pi L}{\cosh^{-1}(2z/D)}, L\gg D \\ \frac{2\pi L}{\ln(4z/D)}, z>3D/2 \end{bmatrix} [76] \tag{3.49}$$

Assim,

$$R_{total} = R_{Conv.} + R_{Pipe} + R_{Soil} \tag{3.50}$$

No caso de uma massa de água, R_{Soil} deve ser substituído por R_{wb}, em que $R_{wb} = \frac{1}{\pi D_o h_o}$.

Onde D_o é o diâmetro exterior do tubo GHE e ho é o coeficiente de transferência de calor por convecção exterior.

CHAPTER 4:ANÁLISE DA BOMBA DE CALOR GEOTÉRMICA PARA ARREFECIMENTO

Este capítulo contém uma análise analítica e numérica em dois subcapítulos sobre a bomba de calor geotérmica (GSHP) para arrefecimento de um edifício em condições climáticas na Índia. Inclui a potência de bombagem, a rejeição de calor e o COP do sistema GSHP para avaliar a sua adequação ao clima indiano. Na modelação analítica, foi introduzido o conceito de massa de água para comparar o solo e a massa de água em termos de transferência de calor e desempenho do sistema.

4.1 Modelação analítica

Neste subcapítulo, foi efectuada uma análise do desempenho do sistema de bomba de calor geotérmica (GSHP), considerando várias condições mecânicas. O sistema GSHP é considerado como estando no clima indiano para arrefecer um edifício, enquanto as suas especificações geométricas são semelhantes às GSHP no CCHRC, Fairbanks [25], que se destina ao aquecimento de um edifício. A razão para adotar a mesma configuração geométrica é a vantagem de confirmar o presente projeto derivando números para vários parâmetros (transferência de calor, potência de bombagem, COP, perda de pressão, caudal de fluido, temperaturas de entrada e saída, resistências térmicas, etc.) de ordem de grandeza semelhante que já foram comprovados em Fairbanks. Se os nossos novos números para arrefecer o edifício estiverem próximos dos números do sistema de aquecimento comprovado, então a nossa nova conceção dar-nos-á confiança. As especificações geométricas pormenorizadas e o esquema deste sistema foram apresentados no Capítulo-1.

4.1.1 Consideração do caudal de volume constante

A análise teórica foi efectuada para o sistema GSHP, mantendo o caudal constante. O fluido de transferência de calor (HTF) é sujeito a um fluxo no interior do circuito do

"

permutador de calor no solo (GHE) e é utilizada uma bomba para manter o caudal.

Foram utilizados vários fluidos de base e nanofluidos como HTF para transferir o calor

do espaço condicionado para o solo, mantendo o caudal constante. Em todos os casos,

a temperatura de entrada do HTF é de 38 ºC. Os resultados obtidos a partir da análise

são apresentados de seguida.

4.1.1.1 Temperatura de saída do fluido

Depois de entrar no circuito do GHE, o fluido de transferência de calor começa a

rejeitar calor para o solo devido à temperatura da terra, que é inferior à do HTF. Foram

gerados vários gráficos entre a temperatura de saída do HTF e a temperatura do solo,

que são apresentados na Fig. (4.1-4.2).

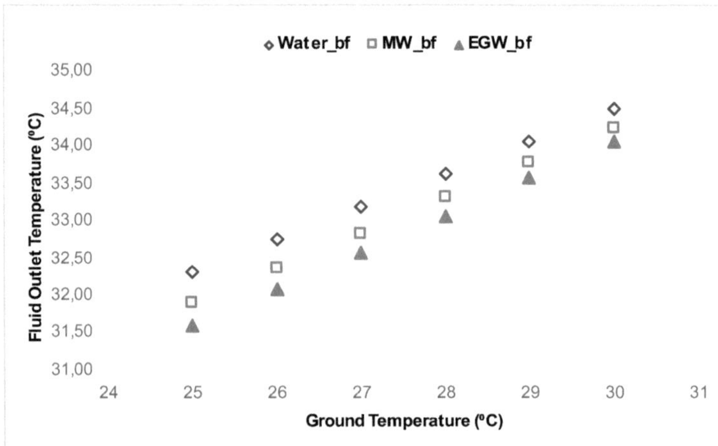

Figura 4.1: Comparação da temperatura do fluido de saída entre os fluidos de base

A Fig.4.1 apresenta a temperatura de saída do fluido de transferência de calor a várias

temperaturas do solo para três fluidos de base: água, metanol-água e etilenoglicol-

água. Este gráfico indica que o aumento da temperatura do solo resulta num aumento

da temperatura de saída do fluido, enquanto a água tem uma temperatura de saída

máxima em comparação com os outros dois fluidos de base. O etilenoglicol-água tem

uma temperatura de saída mínima em todos os casos.

Water_bf
2% Al2O3_nf
2% CuO_nf
2% SiO2_nf
Fluid Outlet Temperature (ºC)
35,00
34,80
34,60
34,40
34,20
34,00
33,80
33,60
33,40
27
27,5
28
28,5
29
29,5
30
30,5
Ground Temperature (ºC)

(a)

MW_bf
2% Al2O3_nf
2% CuO_nf
2% SiO2_nf
Temperatura de saída do fluido (ºC)
34.60
34.40
34.20
34.00
33.80
33.60
33.40
33.20
27.5
28
28.5
29
29.5
30
30.5
Temperatura do solo (ºC)

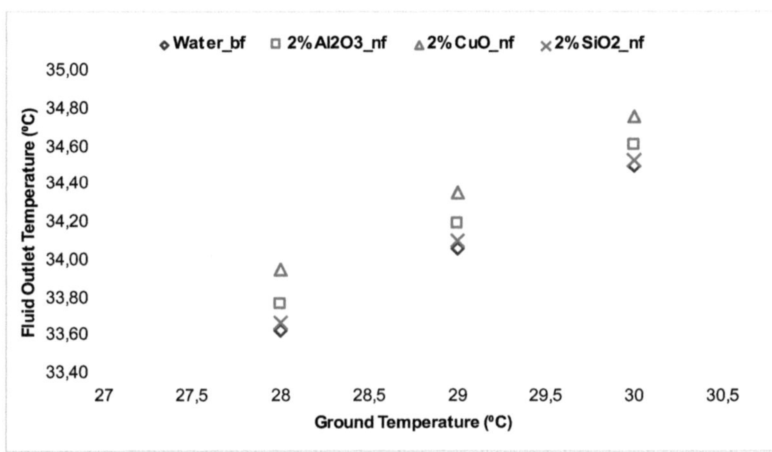

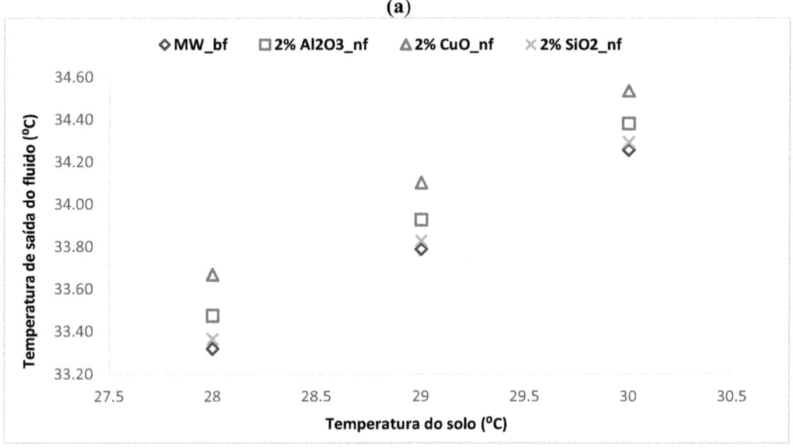

(b)

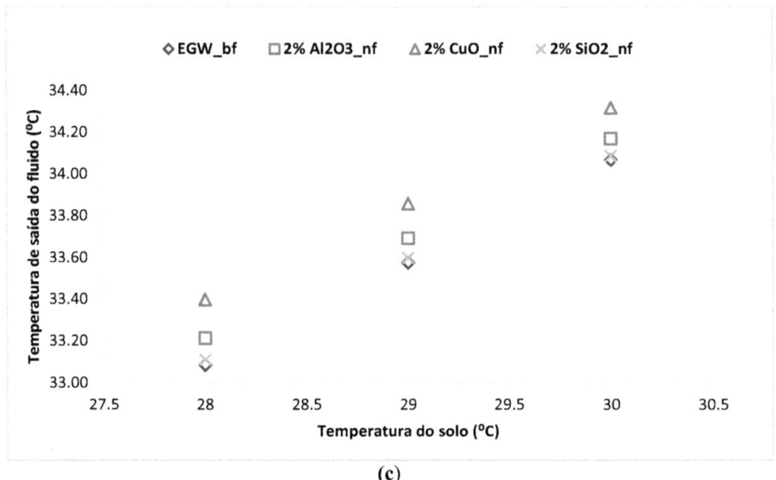

(c)

Figura 4.2: Temperatura de saída do fluido de **(a)** nanofluidos à base de água, **(b)** nanofluidos à base de MW, **(c)** nanofluidos à base de EGW

As Fig.4.2 (a), (b) e (c) mostram a temperatura de saída dos nanofluidos à base de água, dos nanofluidos à base de metanol-água e dos nanofluidos à base de EGW a concentrações volumétricas de 2%, respetivamente. A temperatura de saída do nanofluido de CuO é máxima em todos os casos. Isto acontece porque tem a maior capacidade de transporte de calor. Devido à baixa condutividade térmica do solo, este rejeita uma parte do calor total. Foram obtidos resultados semelhantes para concentrações mais elevadas para os três nanofluidos.

4.1.1.2 Potência de bombagem

A potência de bombagem tem um papel importante neste sistema, o que afecta o desempenho do sistema GSHP. Por conseguinte, foram gerados gráficos entre a potência de bombagem necessária para rejeitar um quilowatt de calor a várias temperaturas do solo por diferentes fluidos de base e nanofluidos.

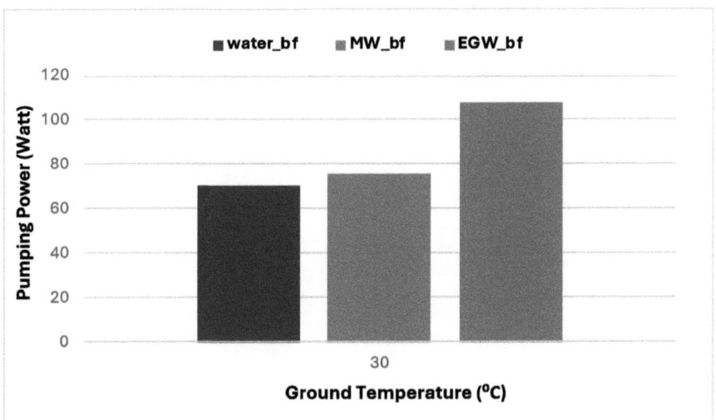

Figura 4.3: Comparação da potência de bombagem entre três fluidos de base a 30 ºC

O gráfico acima foi gerado entre a potência de bombagem e a temperatura do solo para

três fluidos de base utilizando o comprimento total do tubo GHE de 243,83 m.

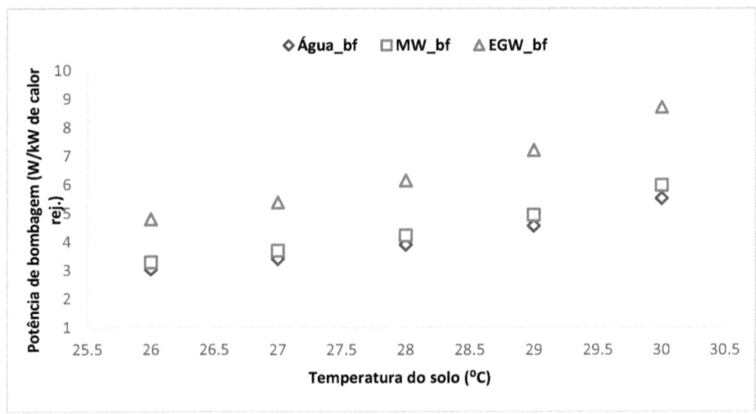

Figura 4.4: Comparação da potência de bombagem entre três fluidos de base a várias
temperaturas do solo

◇ Água_bf   □ 2% Al2O3_nf   △ 2% CuO_nf   ✕ 2% SiO2_nf
Potência de bombagem (Watt/kW de calor rej.)
Temperatura do solo (°C)

(a)

◇ MW_bf   □ 2% Al2O3_nf   △ 2% CuO_nf   ✕ 2% SiO2_nf
Potência de bombagem (W/kW de calor rej.)
Temperatura do solo (°C)

(b)

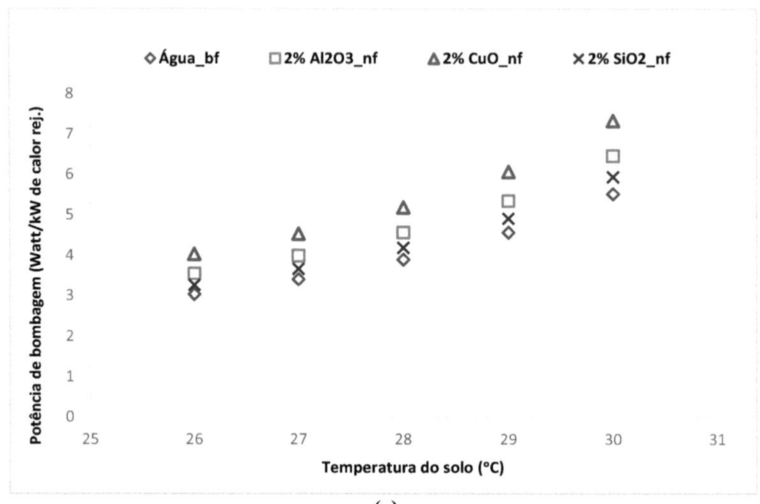

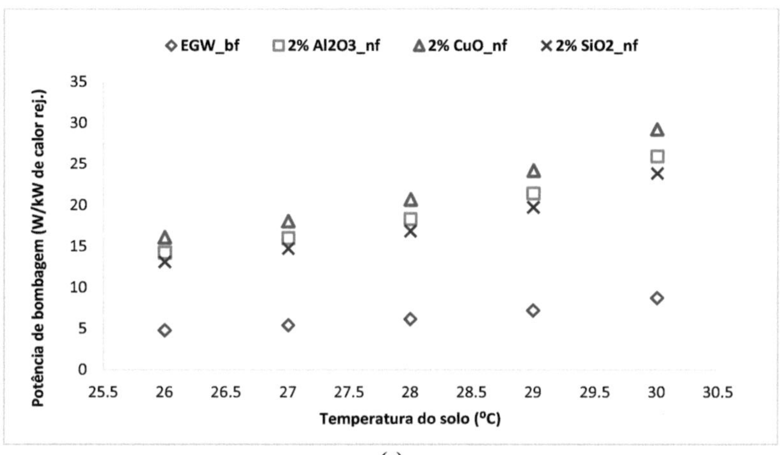

(c)

Figura 4.5: Potência de bombagem necessária para **(a)** nanofluido à base de água, **(b)** nanofluidos à base de MW, **(c)** nanofluidos à base de EGW

4.1.1.3 Rejeição de calor para o dissipador

A transferência de calor ocorreu entre o fluido de transferência de calor e o solo, onde o solo tem uma temperatura relativamente baixa em comparação com o fluido de transferência de calor. O solo actua como dissipador de calor. Foram gerados vários gráficos entre o calor transferido por unidade de comprimento de tubo em relação à temperatura do solo para vários fluidos de base e nanofluidos.

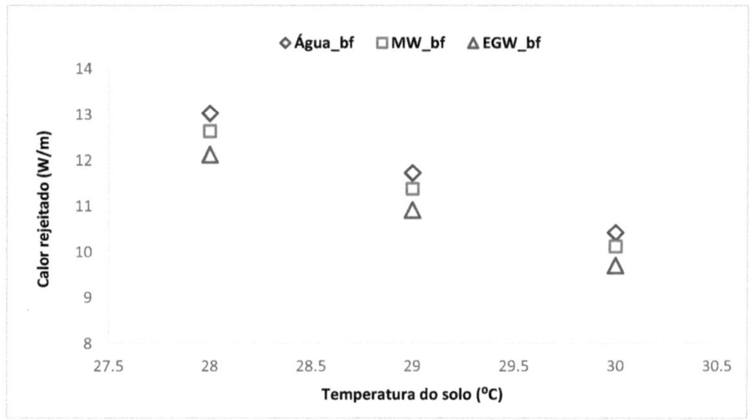

Figura 4.6: Calor rejeitado por unidade de comprimento do circuito a várias temperaturas do solo

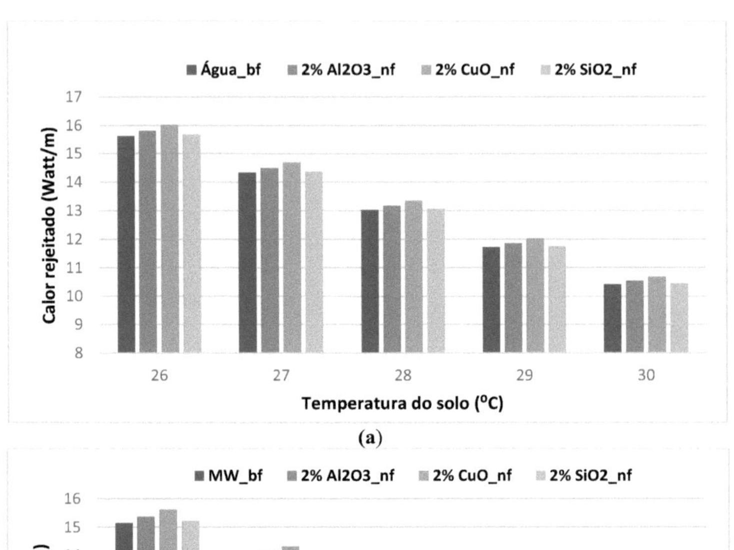

(a)

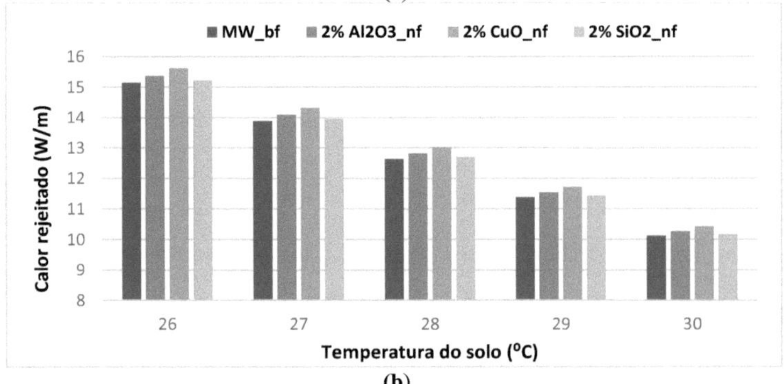

(b)

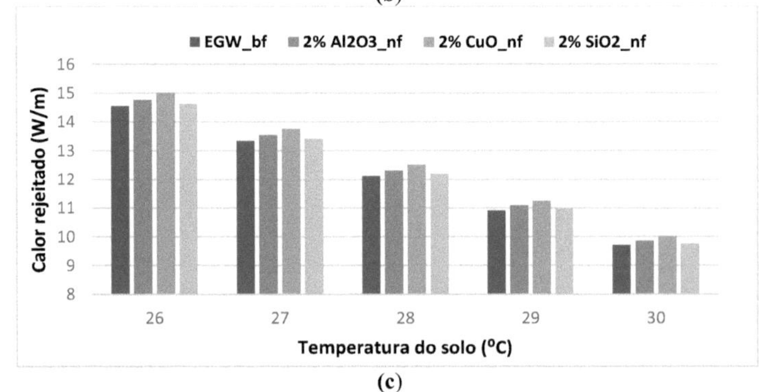

(c)

Figura 4.7: Calor rejeitado por unidade de comprimento do circuito por **(a)** nanofluidos à base de água, **(b)** nanofluidos à base de MW, **(c)** nanofluidos à base de EGW

As Fig.4.7 (a), (b) e (c) mostram o calor rejeitado por unidade de comprimento do circuito GHE por diferentes nanofluidos a diferentes temperaturas do solo, enquanto a concentração volumétrica é constante, ou seja, 2%. Os gráficos acima revelam que a adição de nanopartículas ao fluido de base aumenta moderadamente a taxa de transferência de calor. Mas o aumento da temperatura do solo diminui significativamente a taxa de rejeição de calor.

4.1.1.4 Coeficiente de desempenho

O COP de um sistema é importante para descobrir a sua viabilidade, ou seja, se esse sistema será útil ou não em termos de utilização de energia. Foram criados gráficos para o COP do sistema GSHP utilizando fluidos de base e nanofluidos a diferentes temperaturas do solo.

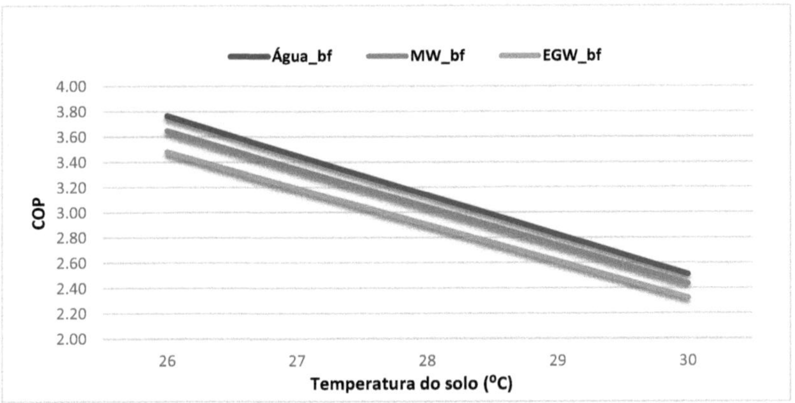

Figura 4.8: COP do sistema GSHP no caso de três fluidos de base para diferentes
temperaturas do solo

A Fig.4.8 mostra o COP do sistema GSHP para três fluidos de base a diferentes temperaturas do solo, que é gerado para comparar o desempenho da seleção adequada do fluido de base. O fluido de base água apresenta o COP mais elevado, enquanto o etilenoglicol-água apresenta o COP mais baixo. Devido ao aumento da viscosidade e à menor condutividade térmica do fluido de base, o EGW dá um valor COP mais baixo. Outros gráficos para COP do sistema foram gerados para nanofluidos a 30ºC de temperatura do solo, mantendo a concentração volumétrica de partículas em 2%, que

85

são mostrados na Fig.4.9 (a), (b) e (c). No caso dos nanofluidos à base de água e à base de MW, o COP aumentou devido à adição de nanopartículas. Em contrapartida, no caso dos nanofluidos à base de EGW, o COP diminuiu devido a um aumento excessivo da viscosidade. O CuO-nanofluido apresenta o COP mais elevado utilizando fluidos de base aquosa e MW, enquanto que apresenta um COP mais baixo no caso do fluido de base EGW.

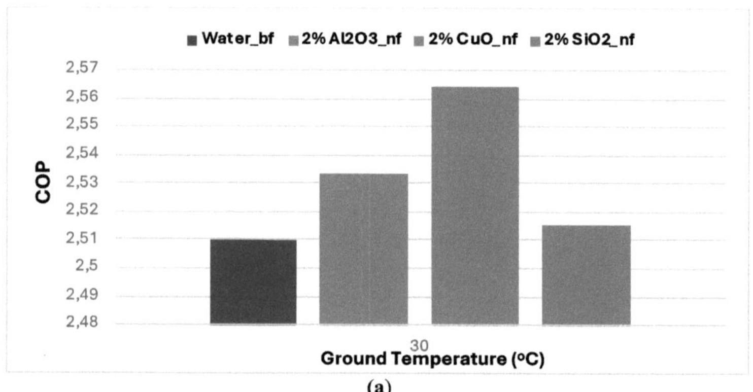

(a)

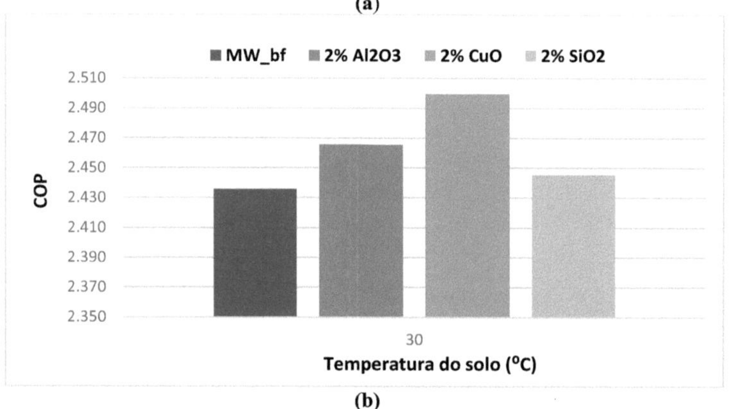

(b)

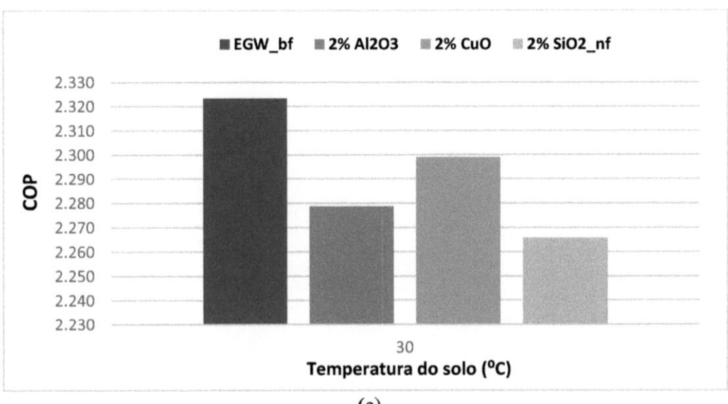

(c)

Figura 4.9: COP do sistema GSHP para **(a)** nanofluidos à base de água, **(b)** nanofluidos à base de MW, **(c)** nanofluidos à base de EGW

4.1.2 Consideração de fluxo turbulento

Foi efectuada uma análise mais aprofundada, mantendo o número de Reynolds constante, ou seja, em regime turbulento. Foram considerados três casos para este estudo, que representam os números de Reynolds de 8000, 12000 e 16000. Os gráficos subsequentes foram gerados para todos os fluidos de base nestes números de Reynolds para comparar a taxa de rejeição de calor e o COP do sistema.

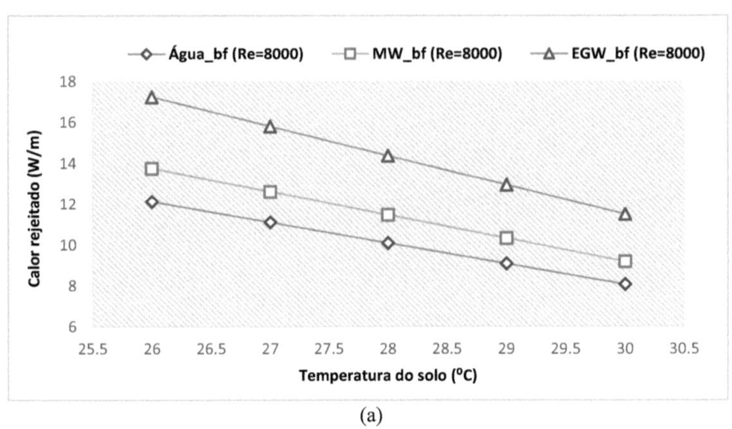

(a)

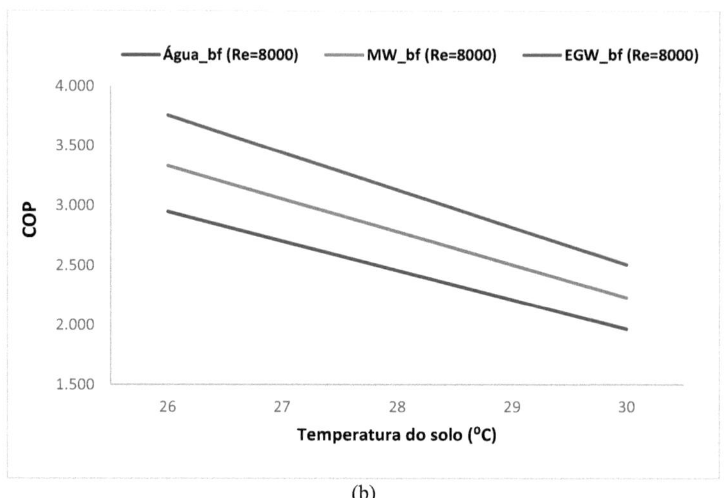

(b)

Figura 4.10(a) Calor rejeitado e (b) COP do sistema para diferentes fluidos de base a Re = 8000

As Fig.4.10 (a) e (b) mostram os gráficos do calor rejeitado pelos fluidos de base e o COP dos sistemas para três fluidos de base, mantendo Re a 8000. Concluiu-se que, a um número de Reynolds de 8000, o EGW rejeitou a maior quantidade de calor em comparação com o MW e a água e deu um COP mais elevado.

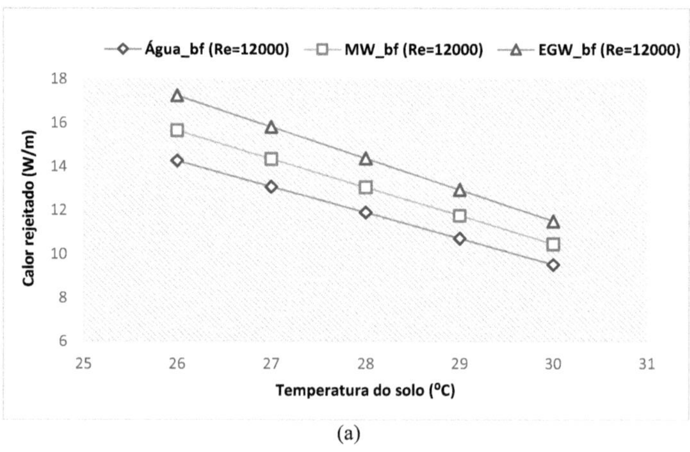

(a)

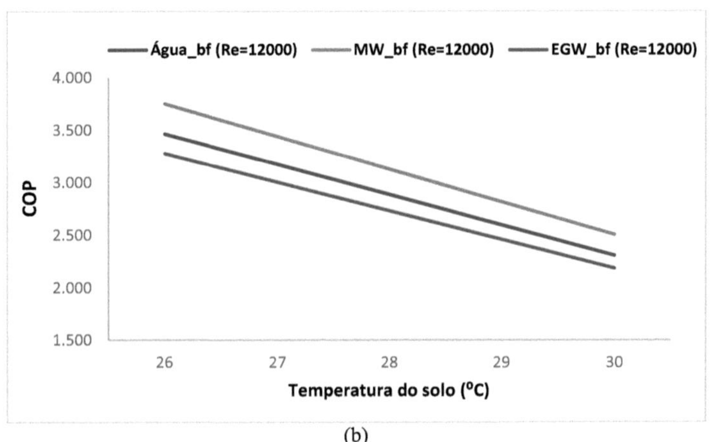

(b)

Figura 4.11(a) Calor rejeitado e (b) COP do sistema para diferentes fluidos de base a Re = 12000

A Fig.4.11 (a) e (b) mostra os gráficos do calor rejeitado pelos fluidos de base e o COP dos sistemas para três fluidos de base, mantendo Re em 12000. Revelou que o aumento do número de Reynolds aumenta a taxa de rejeição de calor enquanto aumenta significativamente a potência de bombagem. Devido ao aumento significativo da potência de bombagem, o EGW apresenta um COP inferior.

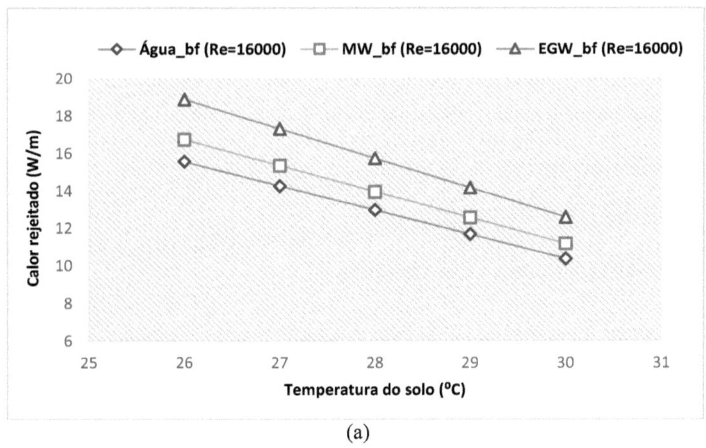

(a)

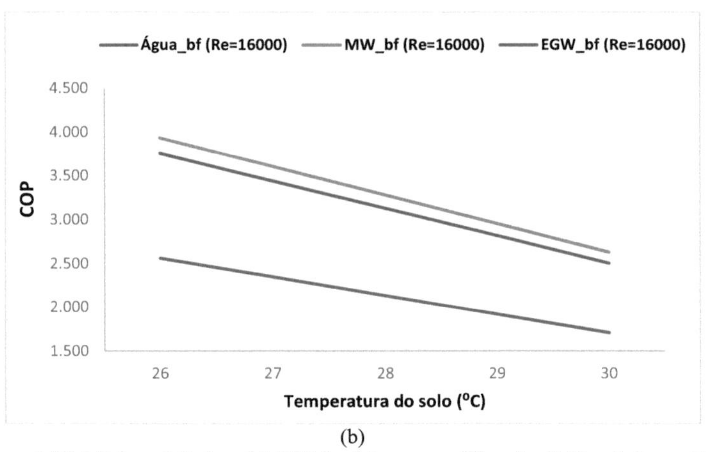

(b)

Figura 4.12(a) Calor rejeitado e (b) COP do sistema para diferentes fluidos de base a Re = 16000

A Fig. 4.12 (a) e (b) mostra os gráficos do calor rejeitado pelos fluidos de base e o COP dos sistemas para três fluidos de base, mantendo Re em 16000. A partir destes gráficos, é evidente que o aumento significativo da potência de bombagem com o fluido de base EGW reduz o COP do sistema. Verifica-se um declínio considerável na linha COP para EGW em comparação com o gráfico COP anterior (Re = 12000). Pode concluir-se que um número de Reynolds mais elevado aumenta a taxa de rejeição de calor mas diminui o COP no caso do fluido de base EGW. No entanto, no caso dos fluidos de base água e metanol-água, tanto a taxa de rejeição de calor como o COP do sistema estão a aumentar.

4.1.3 Considerações sobre o fluxo laminar

O fluxo laminar foi considerado para ver as variações entre a taxa de transferência de calor e o COP no caso dos fluidos de base. O estudo foi efectuado mantendo o número de Reynolds em 2000. Devido ao trabalho limitado no regime laminar para o nanofluido, o valor constante para o número de Nusselt a uma temperatura constante da parede, ou seja, Nu = 3,66, foi utilizado no presente estudo. No entanto, os nanofluidos reais podem ter um número de Nusselt mais elevado a uma temperatura constante da parede. Maiga et. al. [75] propuseram uma correlação para o número de Nusselt para o nanofluido EGW-Al O_{23} fluindo em condições laminares a temperatura constante da parede, que é apresentada na Eq. (3.36) no capítulo anterior. Na Fig. 4.13 é apresentado um gráfico de comparação entre o valor de Nusselt constante e a correlação de Maiga.

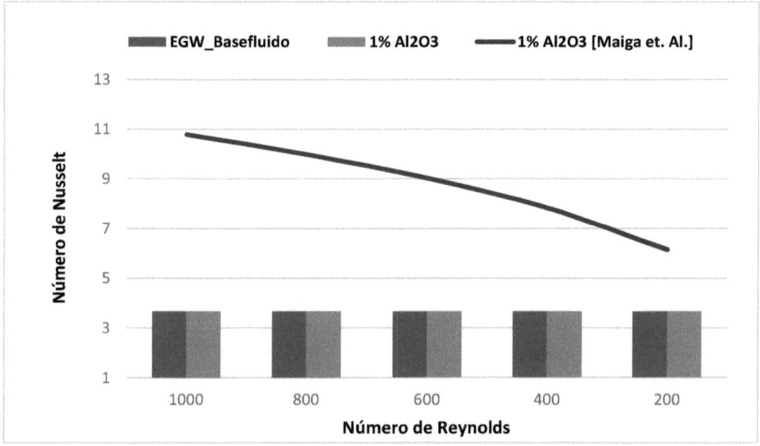

Figura 4.13: Gráfico de comparação do número de Nusselt

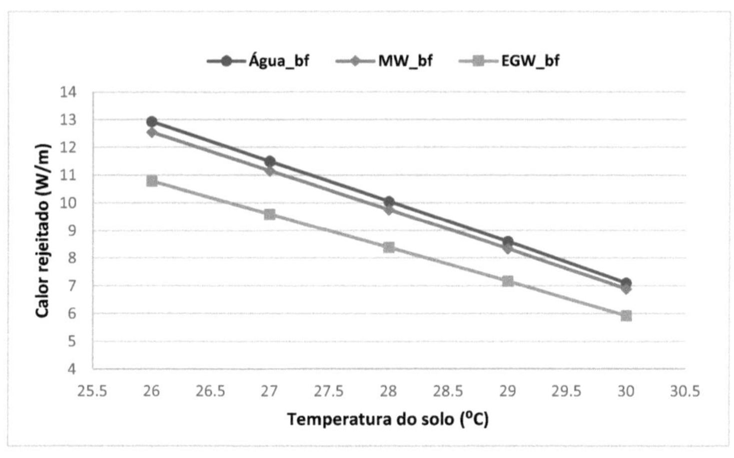

(a)

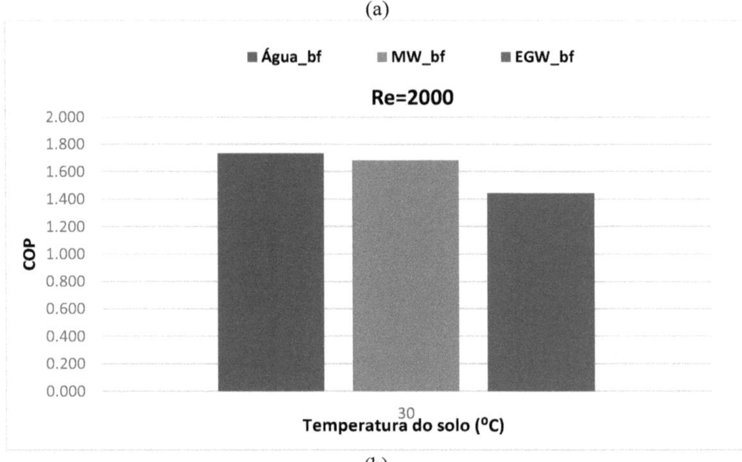

(b)

Figura 4.14(a) Calor rejeitado e (b) gráfico de comparação para o COP do sistema a Re = 2000

A Fig. 4.14 (a) e (b) mostra o gráfico da rejeição de calor e do COP para fluidos de base em regime laminar. Em escoamento laminar a Re = 2000, a água apresenta o COP máximo, enquanto o EGW apresenta o mínimo. Foram obtidos resultados semelhantes para os nanofluidos.

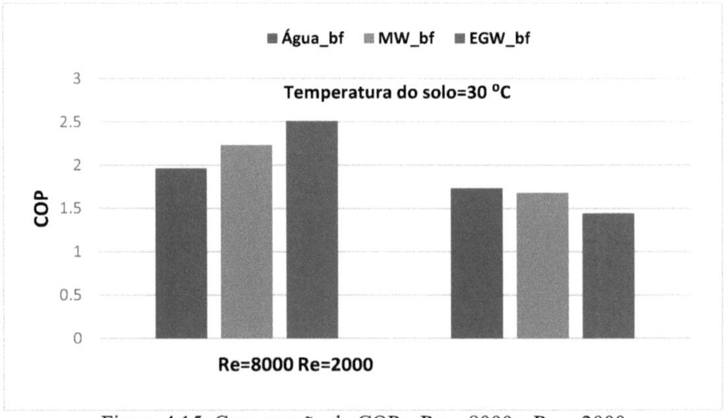

Figura 4.15: Comparação do COP a Re = 8000 e Re = 2000

Foi feita uma comparação entre o COP a Re = 8000 e Re = 2000 para a mesma temperatura do solo a 30 °C, que é mostrada na Fig.4.15. A água tem um COP mais baixo entre os três fluidos de base a Re = 8000 e o mais alto entre os três a Re = 2000.

Mas o COP global está a diminuir quando o fluxo muda do regime turbulento para o laminar.

4.1.4 Considerações sobre a massa de água

Esta investigação foi efectuada para mostrar a vantagem da massa de água sobre o solo no caso do sistema HP. A Fig.4.16 mostra uma comparação da resistência térmica entre a massa de água e o solo. A resistência térmica oferecida a um GHE é muito mais baixa quando este está imerso numa massa de água do que no solo. Esta comparação é mostrada abaixo na Fig. 4.16.

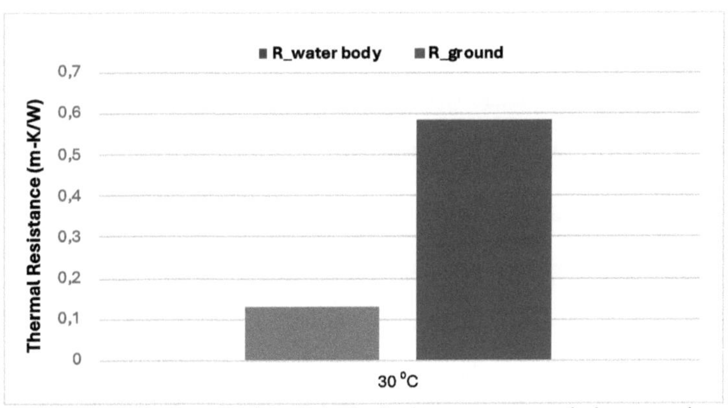

Figura 4.16: Comparação da resistência térmica entre a massa de água e o solo

4.1.4.1 Potência de bombagem

Devido à maior quantidade de calor que pode ser rejeitada pelo fluido de transferência de calor, enquanto o circuito do GHE está imerso na massa de água, é necessária menos potência de bombagem para rejeitar o calor do que a massa de terra. O gráfico da potência de bombagem foi gerado tomando a temperatura da massa de água no eixo x e a potência de bombagem necessária para rejeitar um quilowatt de calor no eixo y. A Fig.4.17 mostra o gráfico da potência de bombagem para três fluidos de base. O EGW requer uma maior quantidade de potência de bombagem em comparação com a água e o MW. A adição de nanopartículas a estes fluidos de base aumentará a viscosidade e resultará numa maior necessidade de potência de bombagem.

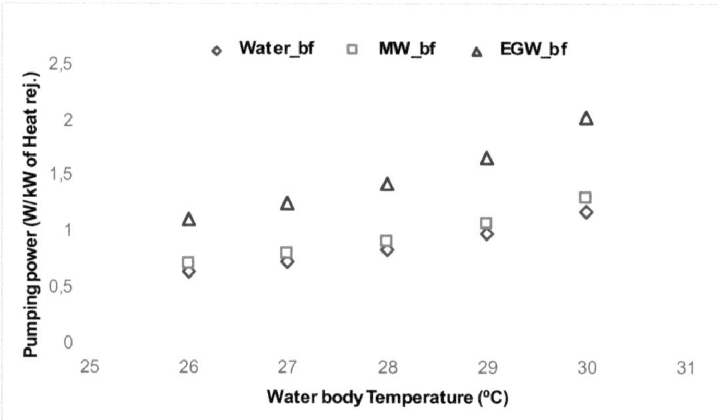

Figura 4.17: Comparação da potência de bombagem dos três fluidos de base

4.1.4.2 Rejeição de calor para o dissipador

Neste caso, a massa de água actua como um dissipador de calor onde o fluido de transferência de calor traz o calor do espaço condicionado e o rejeita. Devido à convecção natural na superfície superior do tubo PEAD, a taxa de rejeição de calor é superior à da transferência de calor por condução no solo. Foi criado um gráfico para três fluidos de base para mostrar a rejeição de calor para o dissipador a diferentes temperaturas da massa de água na Fig.4.18. A água, como fluido de base, rejeitou uma maior quantidade de calor, e o EGW rejeitou a quantidade mínima de calor. Foram obtidos resultados semelhantes para o respetivo nanofluido, em que o nanofluido rejeita mais calor do que o seu fluido de base.

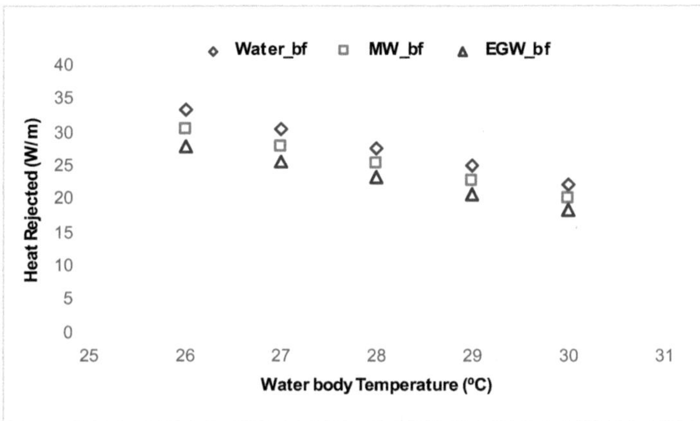

Figura 4.18: Calor rejeitado para a massa de água por três fluidos de base

4.1.4.3 Coeficiente de desempenho

O índice de desempenho do sistema GSHP sujeito a um circuito de GHE imerso numa massa de água é apresentado na Fig. 4.19 para três fluidos de base. Devido à maior taxa de transferência de calor, a água apresentou o maior COP entre todos os outros fluidos de base. Foram obtidos resultados semelhantes para os respectivos nanofluidos.

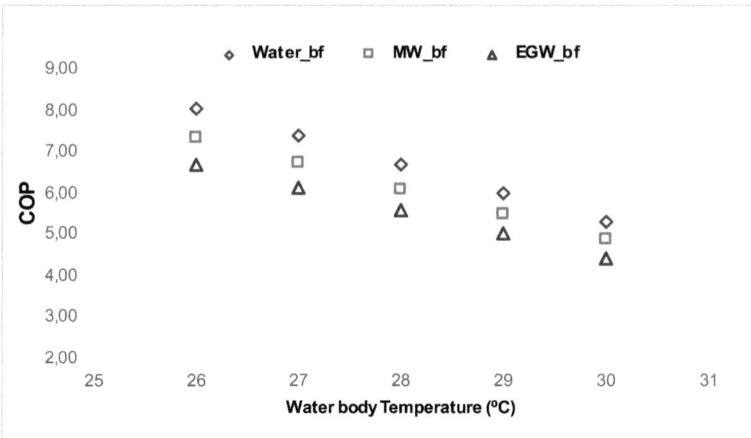

Figura 4.19: COPs de três fluidos de base quando o circuito do GHE está imerso numa massa de água

4.1.5 Efeitos de vários parâmetros no desempenho das GSHP

O desempenho do sistema GSHP depende de muitos parâmetros, como a temperatura do solo, a condutividade térmica do solo, o fluido de base e a concentração volumétrica do nanofluido. Estes têm o maior impacto no desempenho devido à taxa de rejeição de calor e à potência de bombagem. A importância destes parâmetros foi discutida com várias apresentações gráficas abaixo para demonstrar o maior impacto no desempenho do sistema GSHP.

4.1.5.1 Efeitos da concentração de partículas

Devido à adição de nanopartículas, a taxa de transferência de calor é melhorada em relação ao fluido de base. Um aumento da concentração volumétrica do nanofluido resulta num aumento da taxa de transferência de calor. A Fig.4.20 mostra o gráfico da transferência de calor pelo fluido de base água e pelos nanofluidos à base de água a uma concentração volumétrica crescente. Foi demonstrado que o nanofluido de CuO a 4% apresenta a taxa de rejeição de calor mais elevada. A adição de três nanopartículas diferentes mostra uma maior taxa de transferência de calor do que apenas a água como fluido de base.

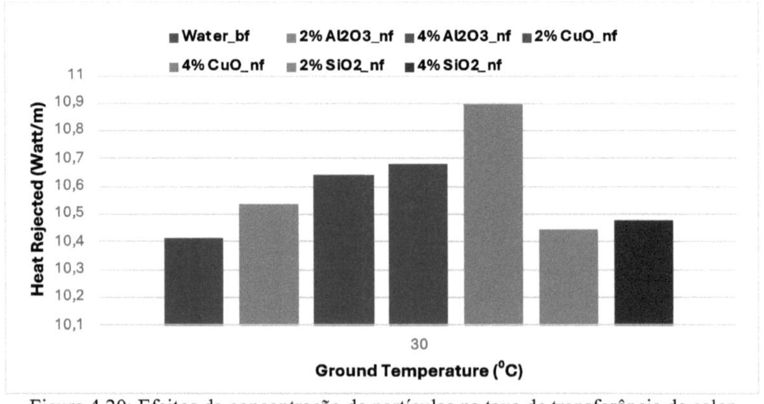

Figura 4.20: Efeitos da concentração de partículas na taxa de transferência de calor

A Fig.4.21 mostra o gráfico entre a potência de bombagem e a temperatura do solo com um aumento da concentração volumétrica de partículas. Revela que, devido à adição de nanopartículas, os nanofluidos requerem uma maior quantidade de potência de bombagem em comparação com o fluido de base, e também se torna mais elevada com o aumento da concentração. Este facto deve-se a um aumento significativo da viscosidade do nanofluido.

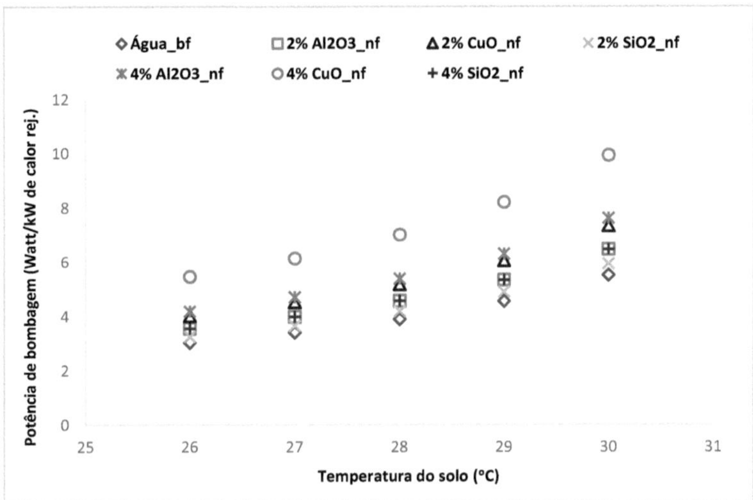

Figura 4.21: Efeitos da concentração de partículas e da temperatura do solo na potência de bombagem

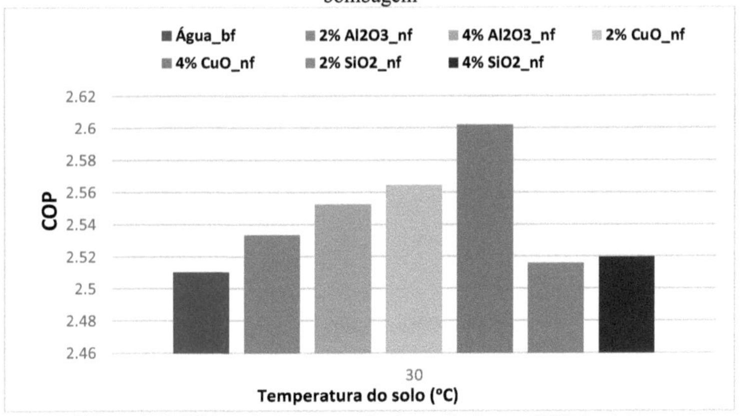

Figura 4.22: Efeitos da concentração de partículas no COP do sistema

A Fig.4.22 mostra o gráfico entre o COP e a temperatura do solo para concentrações volumétricas variáveis de nanofluido. O aumento da potência de bombagem dos nanofluidos à base de água permite melhorar o COP com o aumento da concentração de partículas. O nanofluido de CuO a 4% de concentração mostra o COP mais elevado entre todos os outros nanofluidos. Os nanofluidos de Al O_{23} ocupam a segunda posição e o nanofluido de SiO_2 ocupa a terceira posição em termos de COP. Foram obtidos resultados semelhantes para os nanofluidos à base de MW e EGW com caudais volúmicos iguais. Os nanofluidos à base de EGW têm uma eficiência inferior à da água e à do MW. O seu COP diminui com números de Reynolds e concentrações de partículas mais elevados.

4.1.5.2 Efeitos da condutividade térmica do solo

A condutividade térmica do solo afecta significativamente a taxa de transferência de calor num sistema GSHP. A partir da Fig. 4.23, observa-se que a resistência térmica do solo é a resistência dominante entre o fluido de transferência de calor e o dissipador de calor, o solo.

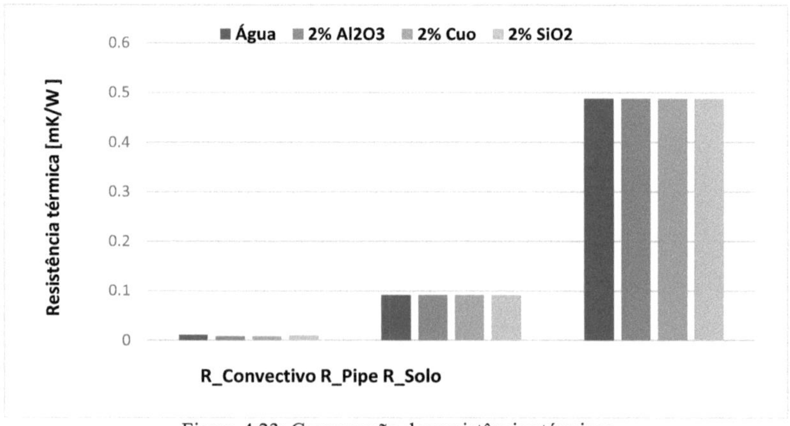

Figura 4.23: Comparação das resistências térmicas

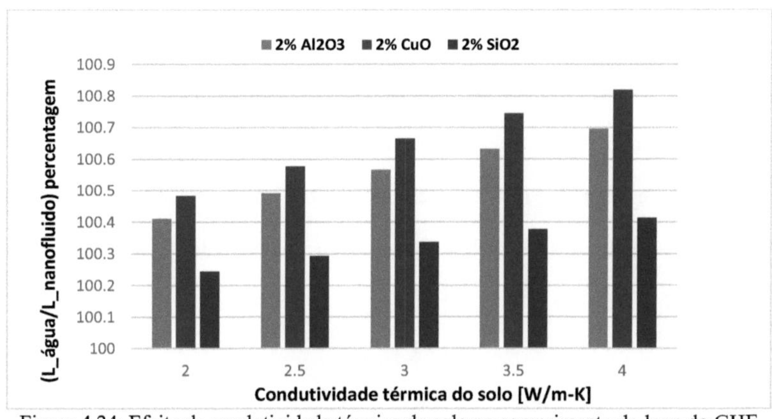

Figura 4.24: Efeito da condutividade térmica do solo no comprimento do loop do GHE

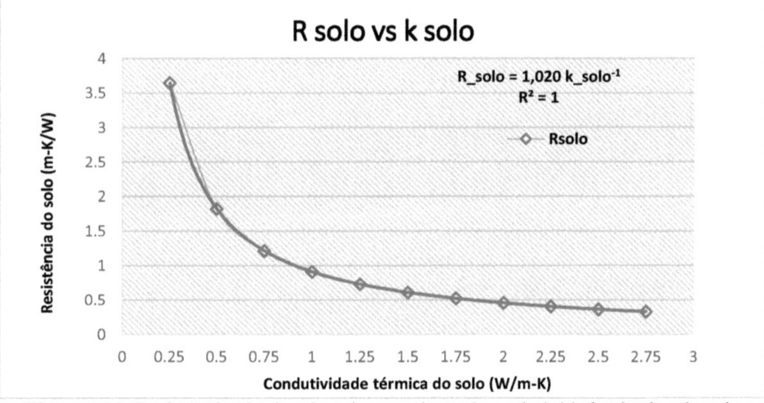

Figura 4.25: Resistência térmica do solo em relação à condutividade térmica do solo

A Fig. 4.24 mostra a percentagem de comprimento (L_água/ L_nf) relativamente à alteração da condutividade térmica do solo. Um aumento da condutividade térmica do solo aumenta a percentagem, o que significa que o nanofluido necessitará de um comprimento menor com uma condutividade térmica do solo mais elevada. A Fig.4.25 mostra a curva entre a resistência térmica do solo e a condutividade térmica do solo. A condutividade térmica do solo é inversamente proporcional à resistência térmica do solo.

4.1.5.3 Efeitos da temperatura do solo

Um aumento da temperatura do solo resulta numa diminuição da diferença de temperatura entre o fluido de transferência de calor e o solo, o que afecta a taxa de transferência de calor. A Fig.4.26 apresenta um gráfico para examinar o efeito da temperatura do solo na taxa de rejeição de calor por unidade de comprimento do circuito GHE.

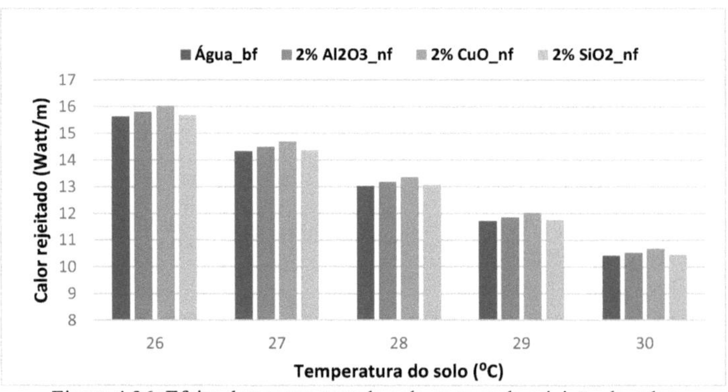

Figura 4.26: Efeito da temperatura do solo na taxa de rejeição de calor

4.2 Análise numérica

O estudo analítico do sistema GSHP para a Índia foi efectuado para determinar a sua viabilidade. A configuração experimental para este estudo será altamente dispendiosa e demorada; por conseguinte, a simulação numérica é a forma alternativa de examinar o desempenho do sistema GSHP. As simulações numéricas foram efectuadas utilizando o conhecido software comercial de CFD ANSYS [77]. O desempenho do sistema GSHP depende do desempenho do permutador de calor no solo (GHX). A análise numérica é bastante adequada para estudar o efeito de diferentes parâmetros, tais como a temperatura do solo, a condutividade térmica do solo e a temperatura do fluido no desempenho do GHX. Além disso, é útil para tirar conclusões comparando os fluidos de base com vários nanofluidos. Assim, neste estudo, foram efectuadas simulações para a rejeição (arrefecimento) e absorção (aquecimento) de calor pelo GHX a várias temperaturas de fluido e temperatura do solo, com fluidos de base e nanofluidos que circulam no interior do tubo do GHX.

4.2.1 Definição do problema

Neste estudo, foi efectuada uma análise numérica em GHX para avaliar o desempenho do sistema GSHP na Índia para operações de arrefecimento de edifícios. Para efeitos de análise, foi selecionado um pequeno domínio para reduzir o tempo de cálculo. O comprimento do tubo é considerado como sendo de um metro. A geometria do domínio é mostrada nas Figs.4.27 (a) e (b). O tubo está enterrado no solo a uma profundidade de 2,9 metros da superfície do solo. O diâmetro interior e o diâmetro exterior do tubo são 19,05 mm e 25,4 mm, respetivamente. A espessura da parede do tubo é de 6,35 mm, e o material do tubo é polietileno de alta densidade [HDPE], com uma condutividade térmica de 0,51 W/m-K. A orientação do GHX é horizontal em relação à superfície do solo. Foi criado um domínio tridimensional utilizando o ANSYS Design Modeler [77]. A geometria é um cuboide retangular com a dimensão de 5x5x1 m^3 . Existem dois domínios sólidos no modelo; um é o solo e o outro é o tubo de PEAD.

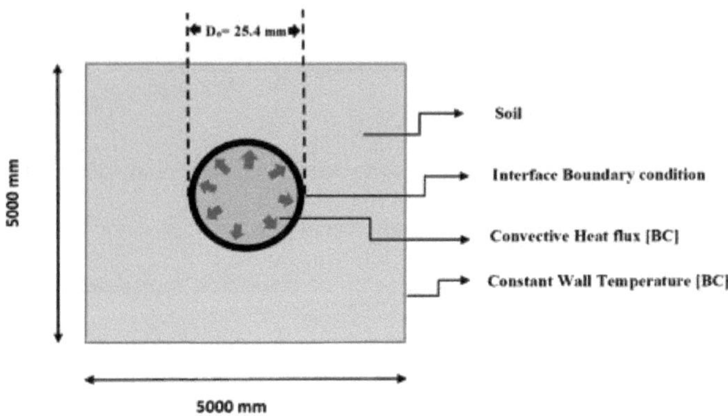

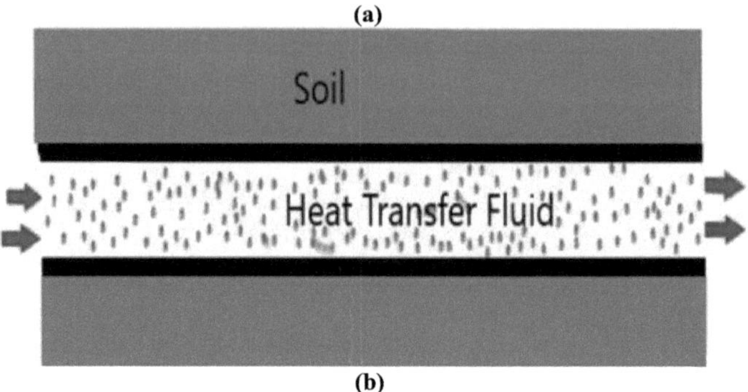

Figura 4.27(a) e (b) Vista em 2-D do domínio numérico com dimensões e BCs

4.2.2 Propriedades do material

Para esta análise numérica, as propriedades essenciais do material necessárias são a condutividade térmica. As propriedades do material estão listadas na Tabela 4.1. A condutividade térmica do tubo PEAD é mantida constante durante toda a análise, uma vez que a variação de temperatura é muito pequena. Estes valores de propriedade são retirados do CCHRC Fairbanks para o sistema GSHP. A condutividade térmica do solo para a Índia é retirada da literatura [34,36,36,37].

Tabela 4.1: Propriedades dos materiais do solo e do tubo PEAD

Material	Condutividade térmica [W/m-K]	Descrição
Solo-1	1.42	CCHRC, Fairbanks [25]
Solo-2	0,5, 2 e 4	Solo indiano [34,36,36,37].
Tubo PEAD	0.51	Para ambos

4.2.3 Geração de malha

ANSYS [77] tem um programa de criação de malhas incorporado que gera malhas no domínio do modelo. Além disso, tem diferentes características como a malha de faces, a taxa de crescimento, o dimensionamento de elementos, o mapeamento de malhas, etc., para tornar o modelo tão independente da malha quanto possível. A malha predefinida foi utilizada para simplificar o modelo. Também tem características para melhorar a malha nas interfaces do modelo. Neste estudo, a malha fina foi aplicada ao tubo de PEAD e a malha grossa foi aplicada ao solo. A adoção do mapeamento da malha e da malha de face na interface solo/tubo e na face interior do tubo garante um bom modelo para o cálculo da transferência de calor. Além disso, verificou-se que a malha de maior dimensão no solo é suficientemente convergente, pelo que o tamanho de refinamento não altera muito a transferência de calor.

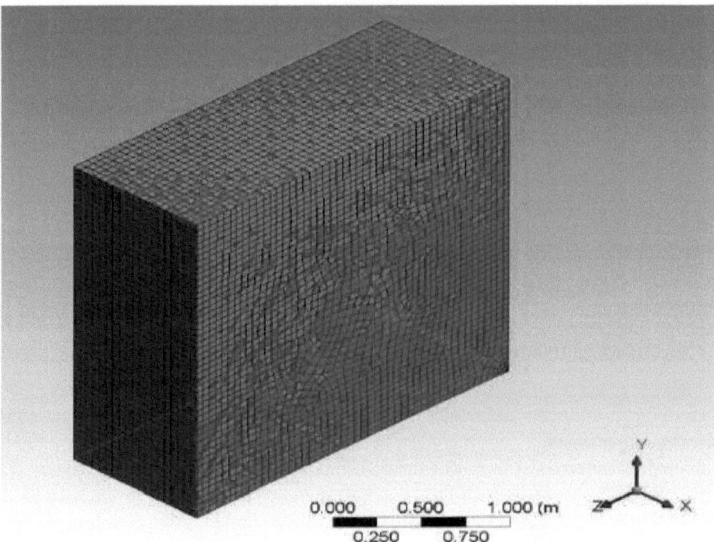

Figura 4.28: Imagem da malha de uma parte simétrica do domínio

Neste estudo, a geometria é dividida simetricamente em quatro partes para reduzir o tempo de cálculo. As outras três partes serão imagens em espelho. O domínio do modelo computacional contém 207609 nós e 46568 elementos. Os elementos são elementos hexaédricos com uma relação de aspeto mínima igual a 1,043. A Fig.4.28 mostra a imagem da malha da geometria para simulação.

4.2.4 Equação governante

O sistema de coordenadas para este domínio é um sistema de coordenadas cilíndricas. Este problema numérico resolve apenas a equação da energia, uma vez que não considera o escoamento do fluido. As propriedades do escoamento do fluido são calculadas e fornecidas como uma condição de fronteira convectiva na face interior do tubo PEAD. A equação da energia no sistema de coordenadas cilíndricas é,

$$\frac{1}{r}\frac{\partial}{\partial r}kr\left(\frac{\partial T}{\partial r}\right) + \frac{1}{r^2}\frac{\partial}{\partial \theta}\left(kr\frac{\partial T}{\partial \theta}\right) + \frac{\partial}{\partial z}k\left(\frac{\partial T}{\partial z}\right) + \dot{q} = \rho C_p \frac{\partial T}{\partial t} \tag{4.1}$$

Neste problema, foram feitas suposições:

(1) Condução de calor em estado estacionário

(2) Sem geração de calor interno

(3) Condução de calor unidimensional, ou seja, na direção radial

Assim, a equação da energia reduzida torna-se,

$$\frac{1}{r}\frac{\partial}{\partial r}kr\left(\frac{\partial T}{\partial r}\right) = 0 \tag{4.2}$$

Onde, k = condutividade térmica do material

$\frac{\partial T}{\partial r}$ = gradiente de temperatura na direção radial

r = distância radial ao centro

4.2.5 Condições de fronteira

Para resolver a equação diferencial governante para este domínio são necessárias condições de fronteira (BC). Para este domínio, são necessárias duas BC' para o tubo de PEAD e outras duas BC' para o solo. Para o tubo PEAD, uma é na face interna do tubo e a segunda é na interface tubo-solo. Para o solo, um BC está na interface tubo-solo e outro BC está na parede do solo. O solo é um vasto reservatório térmico cuja temperatura pode ser tratada como constante. Assim, a temperatura do campo distante está sempre a uma temperatura constante.

$$T(\infty, t) = T_s \tag{4.3}$$

A face interior do tubo PEAD está sujeita a convecção devido ao escoamento do fluido. Assim, as condições de fronteira convectivas são aqui aplicáveis.

$$-k\frac{\partial T}{\partial r}\bigg|_{r=0} = h(T_s - T_\infty) \tag{4.4}$$

A interface solo-tubo está sujeita a condução de calor, em que o gradiente de temperatura assegura a continuidade do fluxo de calor na interface. Esta condição é automaticamente adoptada pelo ANSYS [77] como se mostra a seguir na superfície de contacto.

$$-k_{pipe}\left.\frac{\partial T}{\partial r}\right|_{r=r_o} = -k_{soil}\left.\frac{\partial T}{\partial r}\right|_{r=r_o} \tag{4.5}$$

4.2.6 Validação do modelo computacional

O modelo computacional é validado com base nos dados experimentais da GSHP no CCHRC [25], Fairbanks, para o aquecimento de edifícios. Os dados experimentais relativos às temperaturas de saída e de entrada do MW do GHX a diferentes temperaturas do solo foram recolhidos e utilizados no modelo de simulação. As propriedades do fluido foram calculadas à temperatura média do fluido para estimar o coeficiente de transferência de calor por convecção. As temperaturas de saída do fluido calculadas a partir do GHX são apresentadas no gráfico abaixo na Fig.4.29.

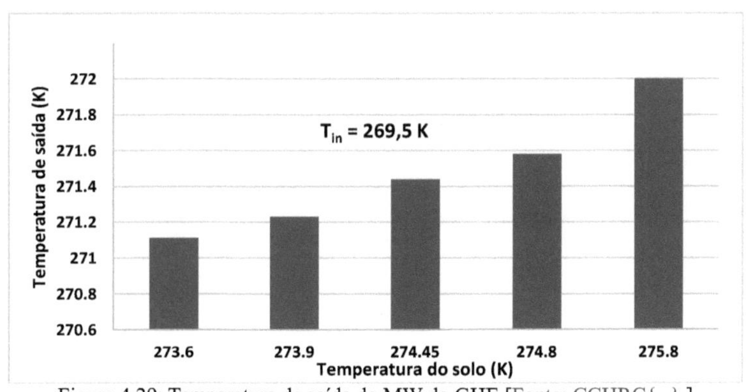

Figura 4.29: Temperatura de saída do MW do GHE [Fonte: CCHRC{--}]

A partir destes dados, foi calculado o calor absorvido por unidade de comprimento do GHX. Em seguida, a simulação foi efectuada a diferentes temperaturas do solo para determinar o calor absorvido por unidade de comprimento. A comparação entre o calor

105

computacional e o calor analítico absorvido pelo fluido a partir do solo é apresentada na Fig. 4.30.

A temperatura de entrada do MW é de 269,5 K para todos os casos. A temperatura de saída varia com a alteração da temperatura do solo. Devido a uma alteração na temperatura de saída, a absorção de calor está a mudar. Um aumento da temperatura de saída resulta num aumento do calor absorvido. Tendo em conta o caudal volúmico, a densidade e o calor específico do fluido, estimámos analiticamente o calor absorvido.

Para a simulação numérica, o coeficiente de transferência de calor por convecção é tomado à temperatura média da MW. A temperatura do solo no campo distante é conhecida a partir dos dados de campo medidos ao longo dos anos. Após a simulação, o relatório de fluxo de calor é gerado para encontrar a quantidade de fluxo de calor disponível na face interna do tubo PEAD.

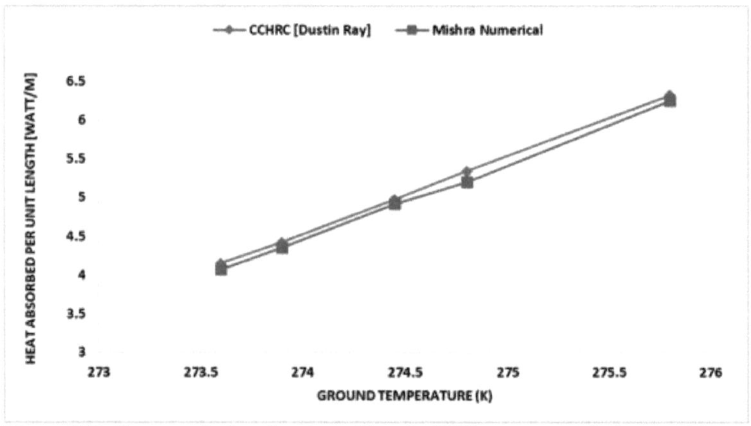

Figura 4.30: Comparação do calor absorvido pelo GHX entre os resultados numéricos e analíticos

A partir da Fig.4.30, é evidente que o nosso modelo numérico está a corresponder bem aos dados experimentais e calculados do CCHRC, Fairbanks. O erro máximo observado entre estes pontos de dados foi de 2,62%. Este facto validou o nosso modelo numérico.

106

4.2.7 Efeitos de diferentes parâmetros

Simulações semelhantes foram repetidas para o fluido de base e diferentes nanofluidos à base de água para avaliar a taxa de absorção de calor. Nesta simulação, foram efectuadas outras variações de diferentes parâmetros, como a temperatura do solo, a condutividade térmica do solo, etc. Os efeitos destes parâmetros são explicados na secção que se segue.

4.2.7.1 Água e nanofluidos à base de água

O fluido de transferência de calor é um parâmetro muito importante, responsável pelo desempenho do GHE e, consequentemente, do sistema GSHP. A água e os nanofluidos à base de água são importantes para climas húmidos como a Índia e podem ser úteis tanto no verão como no inverno. Foram efectuados vários ensaios com estes fluidos de base e nanofluidos para comparar o fluido de base e os nanofluidos. É gerado um gráfico entre a rejeição de calor numérica e analítica por água, como mostra a Fig.4.31.

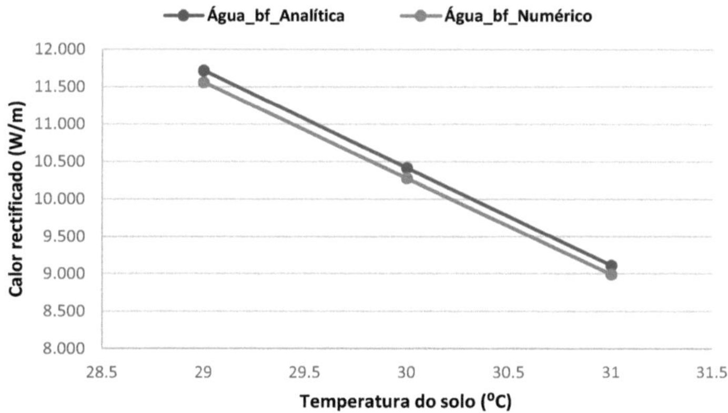

Figura 4.31: Comparação entre a rejeição de calor analítica e numérica com água como fluido de transferência de calor

Pode ver-se que a rejeição analítica de calor pela água é ligeiramente superior à dos resultados numéricos. Além disso, é evidente que a rejeição de calor está a diminuir em função do aumento da temperatura do solo. O contorno de temperatura para esta execução é mostrado na Fig.4.32 quando a temperatura do solo é de 30 ºC. O desvio máximo encontrado entre os pontos de dados numéricos e analíticos é de 1,36%.

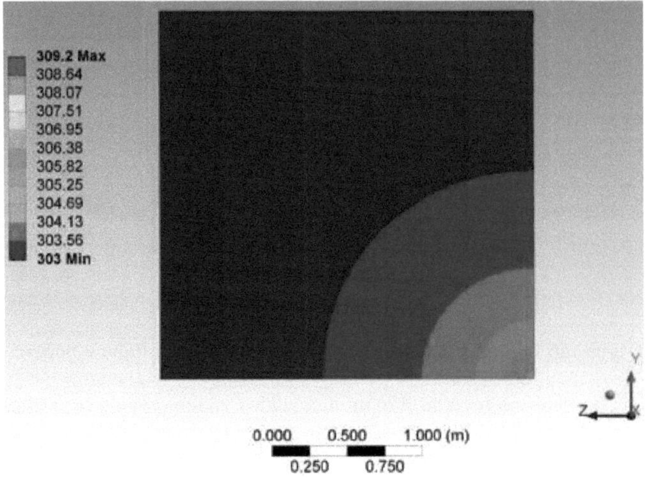

Figura 4.32: Contorno de temperatura para rejeição de calor pela água como fluido a 30 ºC de temperatura do solo

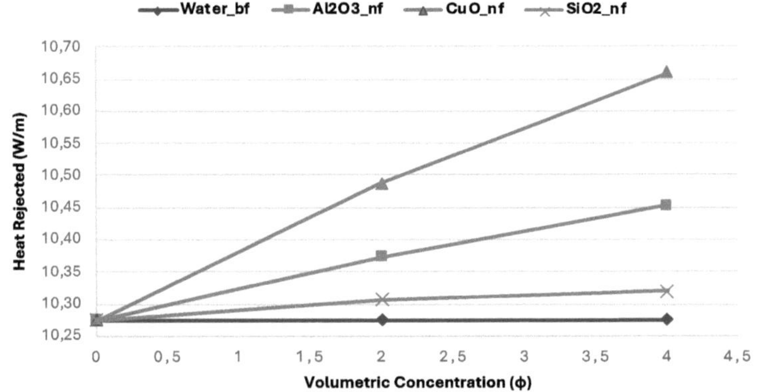

Figura 4.33: Rejeição de calor por unidade de comprimento do GHE por vários nanofluidos de concentração crescente a 30 ºC de temperatura do solo

Outro gráfico é gerado entre a água e os nanofluidos à base de água de concentração crescente a uma temperatura do solo a 30 ºC, que é mostrado na Fig.4.33. Ao aumentar a concentração volumétrica de partículas, a rejeição de calor por unidade de comprimento do GHE aumentou. O nanofluido de CuO 4% rejeitou a maior quantidade de calor entre todos os outros nanofluidos e fluido de base. O nanofluido de SiO$_2$ rejeitou a menor quantidade de calor em comparação com o Al O$_{23}$ e o nanofluido de CuO.

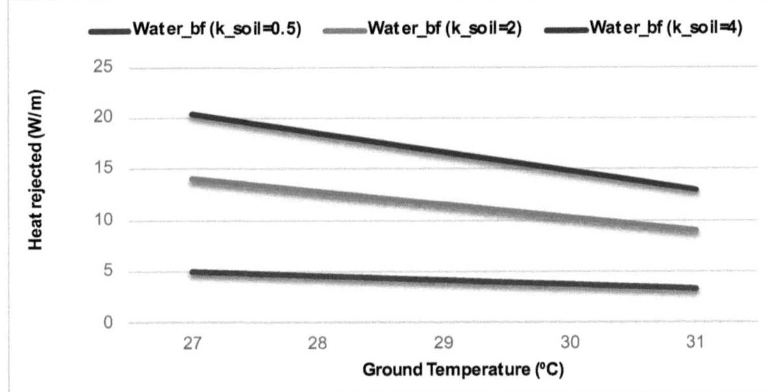

Figura 4.34: Calor rejeitado pela água a várias temperaturas do solo e condutividade térmica do solo

A Fig.4.34 mostra o gráfico entre a rejeição de calor por unidade de comprimento a temperaturas crescentes do solo para várias condutividades térmicas do solo por fluido de base aquosa. Mais uma vez, verificou-se que a condutividade térmica do solo afecta significativamente o processo de transferência de calor. Em contrapartida, uma diminuição da temperatura do solo resulta num aumento da rejeição de calor por unidade de comprimento.

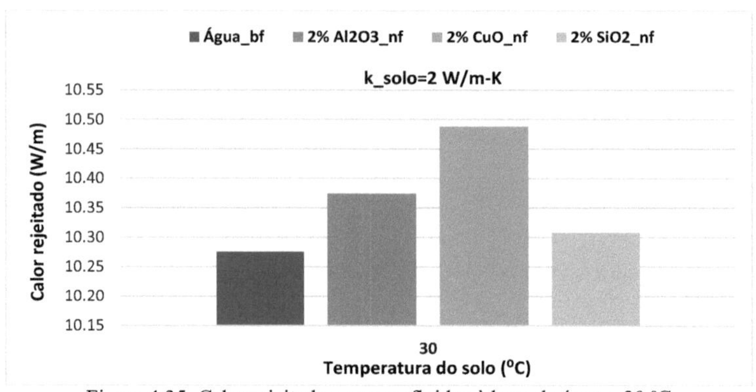

Figura 4.35: Calor rejeitado por nanofluidos à base de água a 30 ºC

A Fig.4.35 foi desenhada para mostrar as vantagens dos nanofluidos sobre o fluido de base no processo de transferência de calor num permutador de calor no solo. O gráfico acima foi gerado para mostrar o calor rejeitado por nanofluidos a 2% de concentração volumétrica, condutividade térmica do solo a 2 W/m-K e temperatura do solo a 30 ºC. Verifica-se que os nanofluidos estão a rejeitar mais quantidade de calor em comparação com o fluido de base, enquanto o nanofluido de CuO rejeitou o maior entre todos.

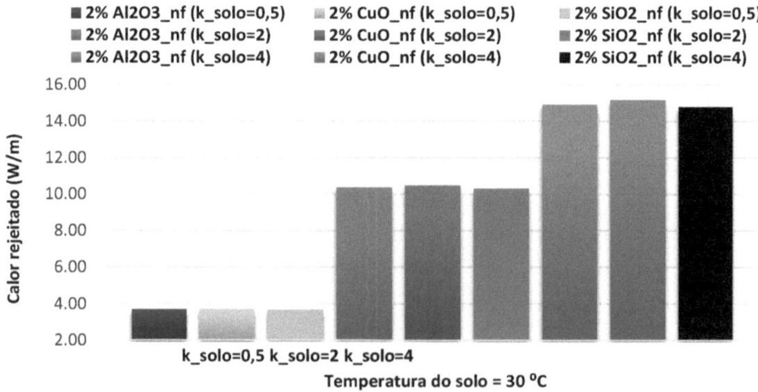

Figura 4.36: Calor rejeitado por todos os nanofluidos a uma concentração de 2% em várias condutividades térmicas do solo

A Fig.4.36 mostra o gráfico traçado entre a rejeição de calor por unidade de comprimento por nanofluidos à base de água em várias condutividades térmicas do

110

solo, enquanto a temperatura do solo é de 30 ºC e a concentração volumétrica de partículas é de 2%. Pode concluir-se do gráfico acima que a condutividade térmica do solo afecta grandemente a taxa de transferência de calor.

4.2.7.2 Nanofluidos à base de metanol-água e MW

Devido à vasta aplicação de MW nos países frios e nos países ocidentais, foram efectuadas comparações para ver a taxa de transferência de calor numericamente em várias condições do solo, causando variação da condutividade térmica. Foram gerados gráficos entre o calor rejeitado pelo fluido de base e pelos nanofluidos a várias temperaturas do solo, concentrações volumétricas de partículas e condutividade térmica do solo, apresentados abaixo. As conclusões subsequentes foram obtidas a partir destas comparações.

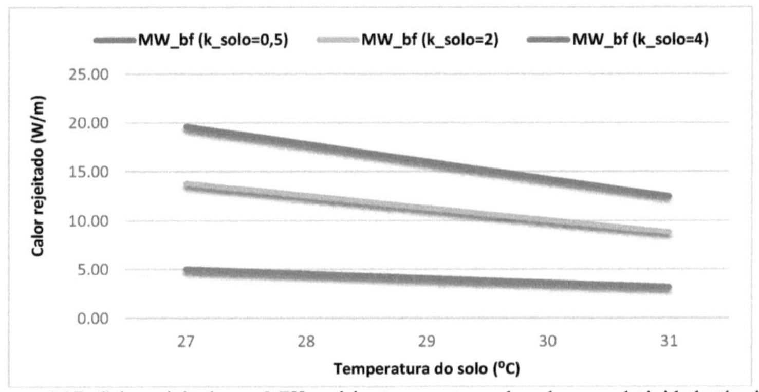

Figura 4.37: Calor rejeitado por MW a várias temperaturas do solo e condutividade térmica do solo

A Fig.4.37 representa a comparação entre o calor rejeitado pelo fluido de base metanol-água a diferentes temperaturas do solo e a condutividade térmica do solo. A rejeição de calor é maior quando a condutividade térmica do solo é maior e a temperatura do solo é menor.

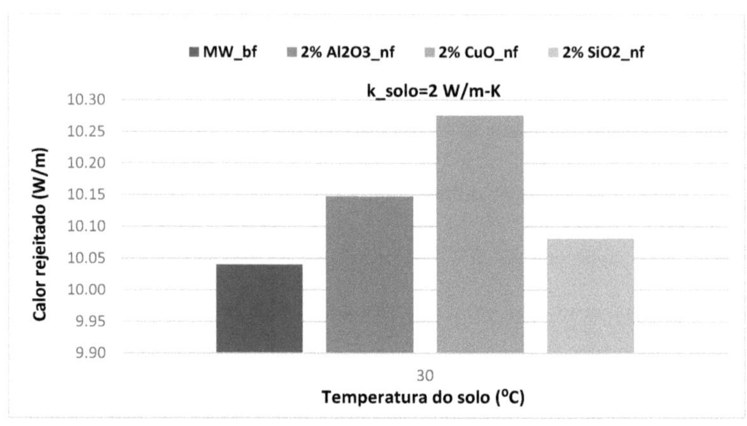

Figura 4.38: Calor rejeitado por nanofluidos à base de água e metanol a 30 °C

Foi gerado um gráfico entre o calor rejeitado pelos nanofluidos à base de metanol-água e metanol-água a 2% de concentração volumétrica (ϕ) e a temperatura do solo a 30 °C, que é mostrado na Fig.4.38. Este gráfico prova que o nanofluido de CuO é o melhor entre estes, ao selecionar um nanofluido. Devido à adição de nanopartículas ao fluido de base, a condutividade térmica é aumentada, o que aumenta o coeficiente de transferência de calor e a taxa de transferência de calor. Neste caso, o nanofluido Al O_{23} aumentou a taxa de transferência de calor em 1,1%, o CuO em 2,39% e o SiO_2 em 0,4% em relação à taxa de transferência de calor do fluido de base.

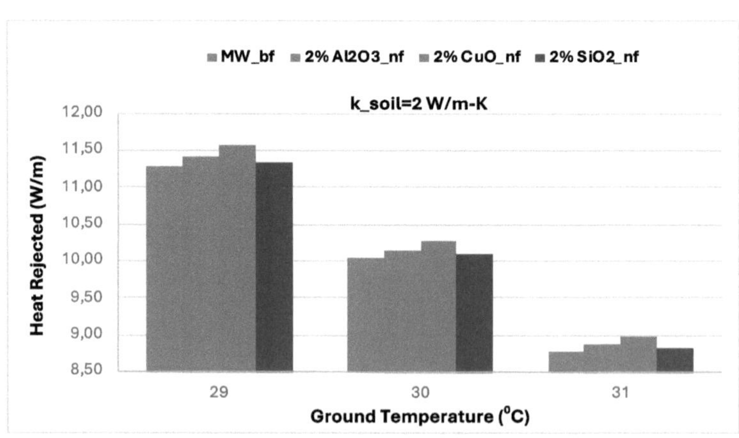

Figura 4.39: Calor rejeitado pelos nanofluidos à base de MW e MW a várias temperaturas do solo

A Fig.4.39 foi gerada entre o calor rejeitado por unidade de comprimento por nanofluidos à base de MW e MW em concentrações volumétricas de 2% para o solo, onde a condutividade térmica do solo é mantida constante em 2 W/m-K. É evidente que os nanofluidos estavam a rejeitar mais calor, enquanto a rejeição de calor estava a diminuir devido a um aumento da temperatura do solo. Em todos os casos, o nanofluido CuO rejeitou a maior quantidade de calor para o solo.

4.2.7.3 Nanofluidos à base de etilenoglicol-água e EGW

O EGW tem amplas aplicações em países frios e ocidentais, especialmente devido à proteção contra congelamento em edifícios e arrefecimento de automóveis. Assim, foi efectuada uma comparação numérica para examinar a taxa de transferência de calor em várias condições. Foram gerados gráficos entre o calor rejeitado pelo fluido de base e pelos nanofluidos a várias temperaturas do solo, condutividade térmica do solo e concentrações volumétricas de partículas. Estes valores são apresentados de seguida.

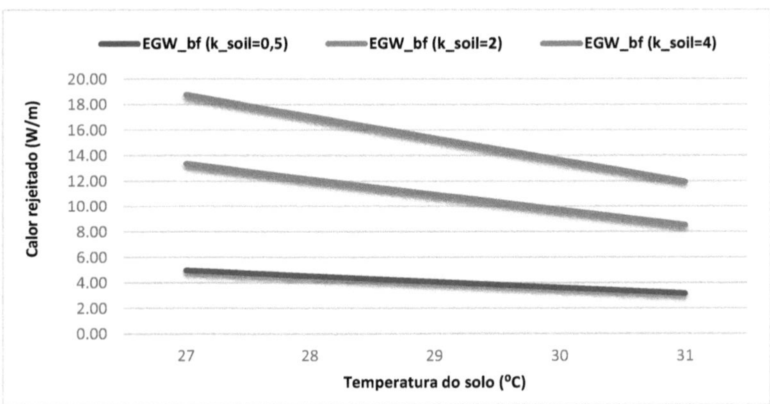

Figura 4.40: Calor rejeitado pelo EGW a várias temperaturas do solo e condutividade térmica do solo

A Fig.4.40 mostra a comparação entre o calor rejeitado por unidade de comprimento pelo fluido de base EGW a várias temperaturas do solo e a condutividade térmica do solo. Neste caso, a condutividade térmica do solo e as temperaturas do solo também desempenham um papel fundamental na transferência de calor. Pode concluir-se que um aumento da temperatura do solo e uma diminuição da condutividade térmica do solo resultam numa diminuição da rejeição de calor para o solo.

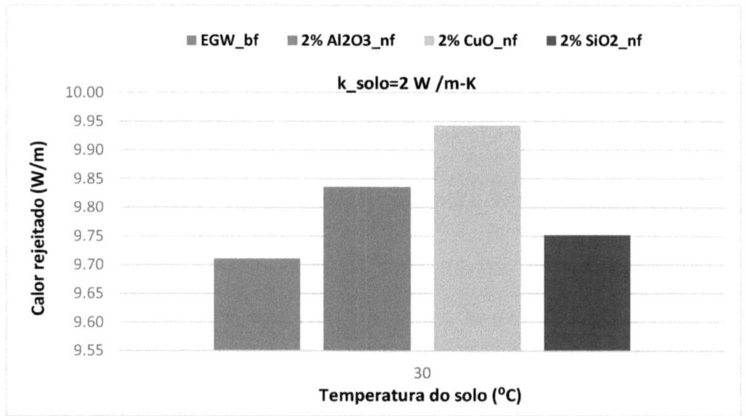

Figura 4.41: Calor rejeitado por EGW e nanofluidos à base de EGW a 30 ºC de temperatura do solo

A Fig.4.41 foi gerada tomando a temperatura do solo de 30ºC, produzindo uma rejeição de calor por unidade de comprimento por EGW e nanofluidos baseados em EGW a 2% de concentração volumétrica. A condutividade térmica do solo é mantida constante em 2 W/m-K. Verifica-se que os nanofluidos estão a rejeitar mais calor para o solo do que o EGW. Os aumentos na rejeição de calor são de 1,34%, 2,37% e 0,41% para o nanofluido de $Al\,O_{23}$, CuO e SiO_2 , respetivamente.

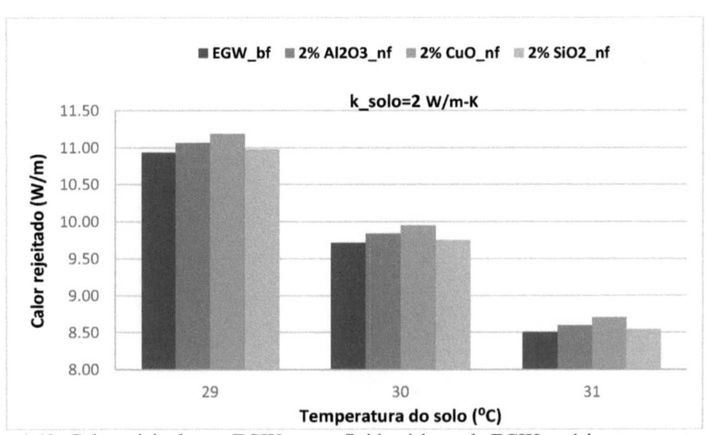

Figura 4.42: Calor rejeitado por EGW e nanofluidos à base de EGW a várias temperaturas do solo

A Fig.4.42 foi gerada entre o calor rejeitado por unidade de comprimento pelos nanofluidos à base de EGW e EGW em concentrações volumétricas de 2 % para o solo. A condutividade térmica do solo é mantida constante a 2 W/m-K. Os nanofluidos tiveram um melhor desempenho em comparação com o fluido de base. A rejeição de calor diminui devido a um aumento da temperatura do solo. Em todos os casos, o CuO-nanofluido rejeitou a maior quantidade de calor para o solo.

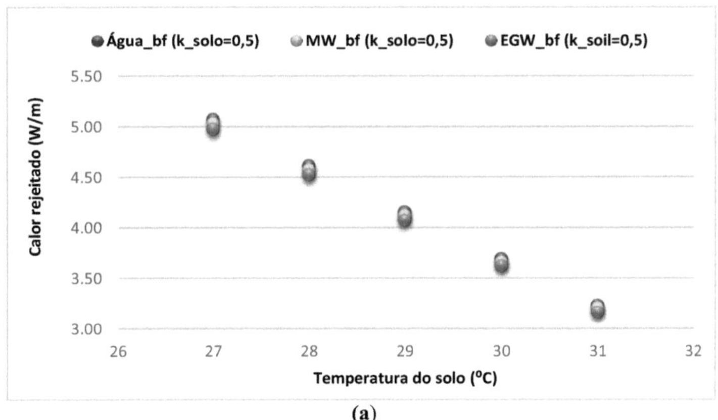

(a)

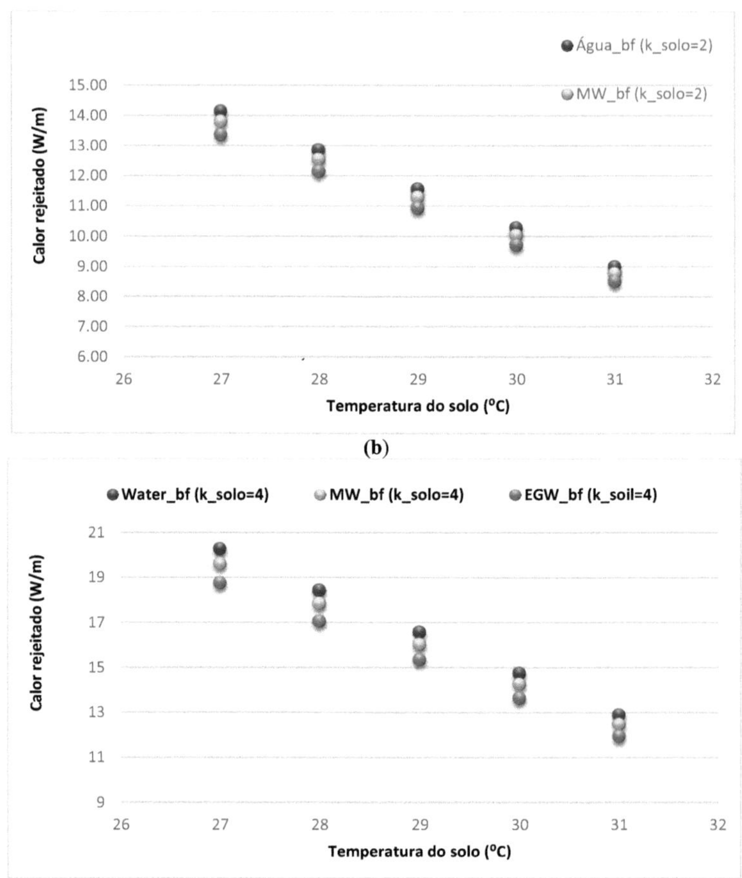

(b)

(c)

Figura 4.43: Taxa de rejeição de calor em função da temperatura do solo para (a) k_{soil} = 0,5 W/mK, (b) k_{soil} = 2 W/mK, k_{soil} = 4 W/mK

Foi feita uma comparação vital entre três fluidos de base e três condutividades térmicas que são mostradas na Fig. 4.43 (a), 4.43 (b) e 4.43 (c), em que a condutividade térmica do solo é de 0,5, 2 e 4 W/m-K, respetivamente. Isto mostra que, com uma condutividade térmica mais baixa (na Fig. 4.43 (a)), todos os fluidos de base estão a rejeitar quase a mesma quantidade de calor, e que esta se aproxima à medida que a temperatura do solo aumenta. Enquanto que a uma condutividade térmica do solo mais elevada (Fig. 4.43 (b) e 4.43 (c)), a diferença na rejeição de calor é mais visível. A

água está a rejeitar a maior quantidade de calor entre estes três fluidos de base.

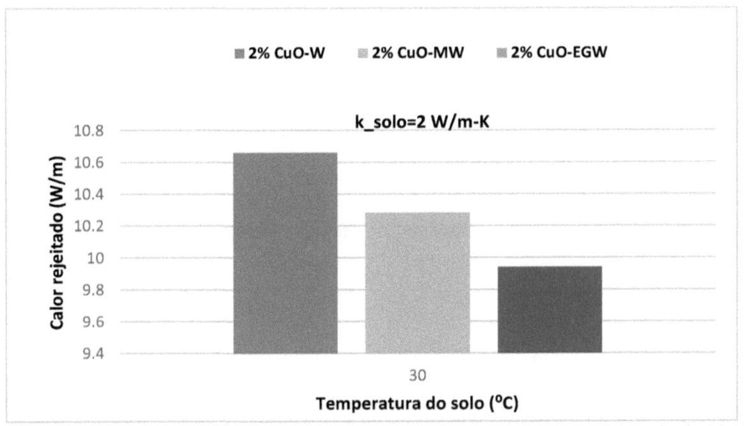

Figura 4.44: Calor rejeitado por nanofluido de CuO a 2 % à temperatura do solo de 30 ºC
para vários fluidos de base

A Fig.4.44 foi gerada tomando a temperatura do solo a 30 ºC, a condutividade térmica

do solo a 2 W/m-K, e o nanofluido de CuO a 2% de concentração para todos os três

fluidos de base para comparar a rejeição de calor entre eles. Observa-se que o

nanofluido CuO-água rejeitou o maior calor, enquanto o nanofluido CuO-MW está na

segunda posição, e o nanofluido CuO-EGW está na última posição em termos de

rejeição de calor para o solo. Isto deve-se à condutividade térmica do fluido de base (a

água é a mais elevada), que desempenha um papel vital no mecanismo de transferência

de calor. Foi encontrado um gráfico semelhante noutras concentrações volumétricas.

CHAPTER 5:CONCLUSÕES E TRABALHO FUTURO

5.1 Principais conclusões da análise teórica

O estudo teórico do sistema GSHP revela muitos factos interessantes sobre os fluidos de base e a aplicação de nanofluidos, que afectam o desempenho. Foi efectuado um estudo teórico alterando parâmetros como o caudal volúmico, o número de Reynolds, a temperatura do solo e a concentração volumétrica para verificar as suas influências. Os resultados e conclusões importantes desta investigação são apresentados de seguida.

1. A temperatura de saída do fluido de transferência de calor é mais elevada no caso da água do que no caso do MW e do EGW a um caudal constante devido a uma maior capacidade de transporte de calor. A adição adicional de nanopartículas aumenta a temperatura de saída.
2. Para o comprimento fixo do circuito GHE, o EGW exigiu uma maior potência de bombagem em comparação com o MW e a água devido à sua elevada viscosidade.
3. O nanofluido de CuO requer a maior potência de bombagem entre todos os fluidos de base e nanofluidos e a potência de bombagem aumenta com o aumento da temperatura do solo para rejeitar uma quantidade fixa de calor.
4. A água rejeita uma maior quantidade de calor para o dissipador devido à sua maior condutividade térmica em relação ao MW e ao EGW.
5. O COP do sistema GSHP é fortemente afetado pela necessidade de potência de bombagem.
6. O fluxo turbulento do fluido de transferência de calor resulta numa maior rejeição de calor, enquanto que também aumenta significativamente a potência de bombagem. Este aumento significativo na potência de bombagem afecta negativamente o COP do sistema GSHP.
7. A água e o MW melhoraram o COP com um aumento do número de Reynolds, enquanto o EGW diminuiu o valor do COP, ou seja, a Re = 12000 e 16000 neste estudo. No entanto, pode ser possível que o EGW seja aplicável numa gama limitada específica de números de Reynolds para obter um COP ótimo.

8. O fluxo laminar do fluido de transferência de calor diminui a taxa de transferência de calor e o COP. No entanto, é necessário um estudo mais aprofundado no caso dos nanofluidos bifásicos em regime laminar, uma vez que têm um número de Nusselt mais elevado do que os fluidos monofásicos.

9. Um corpo de água é uma óptima escolha para imergir no circuito de GHE em vez do solo. No entanto, há incertezas quanto à sua disponibilidade (lagoas, lagos, rios e oceanos) no local de aplicação.

10. O corpo de água apresenta um COP mais elevado do que o solo devido ao facto de oferecer uma menor resistência térmica ao fluido de transferência de calor e, consequentemente, aumentar a taxa de rejeição de calor.

11. A concentração de partículas de nanopartículas afecta o desempenho do sistema GSHP de ambas as formas. Um aumento da concentração volumétrica resulta num aumento líquido da transferência de calor e, consequentemente, do COP. Em casos específicos, reduz o COP do sistema devido ao aumento acentuado da potência de bombagem devido à elevada concentração ou ao aumento da viscosidade.

12. No caso do nanofluido à base de água, 4% CuO-nanofluido pode aumentar o COP do sistema até 3,58% para a temperatura do solo a 30 °C. Em contraste, o incremento no COP é mínimo no caso do nanofluido SiO_2 .

13. A condutividade térmica do solo desempenha um papel muito importante no desempenho do sistema GSHP. Devido à baixa condutividade térmica, reduz a taxa de rejeição de calor ao criar uma grande resistência térmica à transmissão de calor do fluido para o solo.

14. Um aumento da condutividade térmica do solo resulta num melhor COP do sistema GSHP devido a um aumento da taxa de transferência de calor.

15. A temperatura do solo afecta a taxa de rejeição de calor; um aumento da temperatura do solo resulta numa diminuição líquida da transferência de calor e do COP do sistema GSHP.

5.2 Principais conclusões da análise numérica

16. A análise numérica também mostra resultados semelhantes que concordam bem com o trabalho analítico e os dados experimentais medidos no CCHRC.

17. Foram obtidas pequenas diferenças na rejeição de calor no modelo numérico quando comparado com o modelo analítico. Os resultados numéricos devem ser

ligeiramente melhores devido ao facto de os cálculos serem efectuados em elementos pequenos.

5.3 Trabalho futuro

1. A condutividade térmica do solo pode ser aumentada através da utilização de material de enchimento com elevada condutividade térmica, e a análise pode ser repetida para avaliar e melhorar o desempenho.
2. Poderá ser efectuado um estudo mais aprofundado utilizando soluções de transferência de calor em condições transientes para ter em conta as variações das propriedades em função do tempo. No entanto, tal seria complexo e difícil e demorado do ponto de vista computacional.

REFERÊNCIAS

[1] Choi, S. U. S., e Eastman, J. A., 1995, "Enhancing Thermal Conductivity of Fluids with Nanoparticles".

[2] McQuiston, F. C., Parker, J. D., and Spitler, J. D., 2005, *Heating, Ventilating, and Air Conditioning: Analysis and Design*, John Wiley & Sons, Hoboken, New Jersey.

[3] Boutine, C., 2001, "Taking the Heat off: Nanofluids Promise Efficient Heat Transfer", logos, **19**(2).

[4] Das, S. K., Choi, S. U. S., Yu, W., e Pradeep, T., 2008, *Nanofluids: Science and Technology*, Wiley, Hoboken, NJ.

[5] Alfa Aesar, 2013, "Nanoparticle and Dispersions."

[6] Satti, J. R., Das, D. K., e Ray, D. R., 2016, "Measurements of Densities of Propylene Glycol-Based Nanofluids and Comparison With Theory," Journal of Thermal Science and Engineering Applications, **8**(2), pp. 021021-021021.

[7] Dey, D., Kumar, P., e Samantaray, S., 2017, "A Review of Nanofluid Preparation, Stability, and Thermo-physical Properties," Heat Trans. Asian Res., **46**(8), pp. 1413-1442.

[8] Akoh, H., Tsukasaki, Y., Yatsuya, S., e Tasaki, A., 1978, "Magnetic Properties of Ferromagnetic Ultrafine Particles Prepared by Vacuum Evaporation on Running Oil Substrate", Journal of Crystal Growth, **45**, pp. 495-500.

[9] Wang, L., e Quintard, M., 2009, "Nanofluids of the Future," *Advances in Transport Phenomena*, L. Wang, ed., Springer Berlin Heidelberg, Berlin, Heidelberg, pp. 179-243.

[10] Yu, F., Chen, Y., Liang, X., Xu, J., Lee, C., Liang, Q., Tao, P., e Deng, T., 2017, "Dispersion Stability of Thermal Nanofluids," Progress in Natural Science: Materiais Internacionais, **27**(5), pp. 531-542.

[11] Chung, S. J., Leonard, J. P., Nettleship, I., Lee, J. K., Soong, Y., Martello, D. V., e Chyu, M. K., 2009, "Characterization of ZnO Nanoparticle Suspension in Water: Eficácia da Dispersão Ultrassónica", Powder Technology, **194**(1-2), pp. 75-80.

[12] Kole, M., e Dey, T. K., 2012, "Effect of Prolonged Ultrasonication on the Thermal Conductivity of ZnO-Ethylene Glycol Nanofluids," Thermochimica Ata, **535**, pp. 58-65.

[13] Setia, H., Gupta, R., e Wanchoo, R. K., 2013, "Stability of Nanofluids," MSF, **757**, pp. 139-149.

[14] Mirjalili, F., Mohamad, H., e Luqman Chuah, A., 2011, "Prepration of Nano-Scale Alpha-Al2O3 Powder by the Sol-Gel Method," Ceramics Silikaty, **55**, pp. 378-383.

[15] Sharma, K. V., Sundar, L. S., e Sarma, P. K., 2009, "Estimation of Heat Transfer Coefficient and Friction Fator in the Transition Flow with Low Volume Concentration of Al2O3 Nanofluid Flowing in a Circular Tube and with Twisted Tape Insert," International Communications in Heat and Mass Transfer, **36**(5), pp. 503-507.

[16] Xuan, Y., Li, Q., e Tie, P., 2013, "The Effect of Surfactants on Heat Transfer Feature of Nanofluids," Experimental Thermal and Fluid Science, **46**, pp. 259-262.

[17] Sahoo, B. C., Das, D. K., Vajjha, R. S., e Satti, J. R., 2013, "Measurement of the Thermal Conductivity of Silicon Dioxide Nanofluid and Development of Correlations," ASME Journal of Nanotechnology in Engineering and Medicine, **3**(4).

[18] 2012, "Colloidal Systems Methods for Zeta-Potential Determination Part 1: Electroacoustic and Electrokinetic Phenomena."

[19] Chiasson, A. D., 2016, *Geothermal Heat Pump and Heat Engine Systems: Teoria e Prática*, Wiley.

[20] "Ground-Source Heat Pump System for Buildings Heating & Cooling," Ground-Source Heat Pump System for Buildings Heating & Cooling [Online]. Disponível: https://www.coolingindia.in/ground-source-heat-pump-system-buildings-heating-cooling/.

[21] "Geothermal Heating & Cooling," Geothermal Heating & Cooling [Online]. Disponível: https://www.brennemanwelldrilling.com/geothermal.html.

[22] Yoon, S., Lee, S.-R., e Go, G.-H., 2015, "Evaluation of Thermal Efficiency in Different Types of Horizontal Ground Heat Exchangers," Energy and Buildings, **105**, pp. 100-105.

[23] "Reducing the Environmental and Monetary Cost of Energy," Reduzir o custo ambiental e monetário da energia [Em linha]. Disponível: http://smartbuild.ca/ground-source-heat-pumps/.

[24] Rees, S. J., 2016, *Advances in Ground-Source Heat Pump Systems*, Woodhead Publishing is an imprint of Elsevier, Duxford, UK.

[25] "Centro de Investigação sobre Habitação de Clima Frio (CCHRC)" [Online]. Disponível: https://cchrc.org/.

[26] "Alaska Center for Energy and Power (ACEP)" [Online]. Disponível: https://www.uaf.edu/acep/.

[27] Bojic, M., Trifunovic, N., Papadakis, G., e Kyritsis, S., 1997, "Numerical Simulation, Technical and Economic Evaluation of Air-to-Earth Heat Exchanger Coupled to a Building", Energy, **22**(12), pp. 1151-1158.

[28] Nam, Y., Ooka, R., and Hwang, S., 2008, "Development of a Numerical Model to Predict Heat Exchange Rates for a Ground-Source Heat Pump System," Energy and Buildings, **40**(12), pp. 2133-2140.

[29] Esen, H., Inalli, M., e Esen, Y., 2009, "Temperature Distributions in Boreholes of a Vertical Ground-Coupled Heat Pump System," Renewable Energy, **34**(12), pp. 2672-2679.

[30] Tarnawski, V. R., Leong, W. H., Momose, T., e Hamada, Y., 2009, "Analysis of Ground Source Heat Pumps with Horizontal Ground Heat Exchangers for Northern Japan," Renewable Energy, **34**(1), pp. 127-134.

[31] Choi, J. C., Lee, S. R., e Lee, D. S., 2011, "Numerical Simulation of Vertical Ground Heat Exchangers: Intermittent Operation in Unsaturated Soil Conditions," Computers and Geotechnics, **38**(8), pp. 949-958.

[32] Fujii, H., Nishi, K., Komaniwa, Y., e Chou, N., 2012, "Numerical Modeling of Slinky-Coil Horizontal Ground Heat Exchangers," Geothermics, **41**, pp. 55-62.

[33] Nam, Y., and Chae, H.-B., 2014, "Numerical Simulation for the Optimum Design of Ground Source Heat Pump System Using Building Foundation as Horizontal Heat Exchanger," Energy, **73**, pp. 933-942.

[34] Bansal, V., Misra, R., Agrawal, G. D., and Mathur, J., 2010, "Performance Analysis of Earth-Pipe-Air Heat Exchanger for Summer Cooling," Energy and Buildings, **42**(5), pp. 645-648.

[35] Misra, R., Bansal, V., Agrawal, G. D., Mathur, J., e Aseri, T., 2013, "Transient Analysis Based Determination of Derating Fator for Earth Air Tunnel Heat Exchanger in Summer," Energy and Buildings, **58**, pp. 103-110.

[36] Bansal, V., Misra, R., Agarwal, G. D., and Mathur, J., 2013, "Transient Effect of Soil Thermal Conductivity and Duration of Operation on Performance of Earth Air Tunnel Heat Exchanger," Applied Energy, **103**, pp. 1-11.

[37] Soni, S. K., Pandey, M., and Bartaria, V. N., 2016, "Experimental Analysis of a Direct Expansion Ground Coupled Heat Exchange System for Space Cooling Requirements," Energy and Buildings, **119**, pp. 85-92.

[38] Narei, H., Ghasempour, R., and Noorollahi, Y., 2016, "The Effect of Employing Nanofluid on Reducing the Bore Length of a Vertical Ground-Source Heat Pump," Energy Conversion and Management, **123**, pp. 581-591.

[39] Sivasakthivel, T., Murugesan, K., and Sahoo, P. K., 2015, "Study of Technical, Economical and Environmental Viability of Ground Source Heat Pump System for Himalayan Cities of India," Renewable and Sustainable Energy Reviews, **48**, pp. 452-462.

[40] Sivasakthivel, T., Murugesan, K., Kumar, S., Hu, P., e Kobiga, P., 2016, "Experimental Study of Thermal Performance of a Ground Source Heat Pump System Installed in a Himalayan City of India for Composite Climatic Conditions," Energy and Buildings, **131**, pp. 193-206.

[41] Pandey, N., Murugesan, K., e Thomas, H. R., 2017, "Optimization of Ground Heat Exchangers for Space Heating and Cooling Applications Using Taguchi Method and Utility Concept," Applied Energy, **190**, pp. 421-438.

[42] Kaushal, M., 2017, "Geothermal Cooling/Heating Using Ground Heat Exchanger for Various Experimental and Analytical Studies: Comprehensive Review," Energy and Buildings, **139**, pp. 634-652.

[43] Devendiran, D. K., e Amirtham, V. A., 2016, "A Review on Preparation, Characterization, Properties and Applications of Nanofluids," Renewable and Sustainable Energy Reviews, **60**, pp. 21-40.

[44] Namburu, P. K., Kulkarni, D. P., Misra, D., e Das, D. K., 2007, "Viscosity of Copper Oxide Nanoparticles Dispersed in Ethylene Glycol and Water Mixture," Experimental Thermal and Fluid Science, **32**(2), pp. 397-402.

[45] Vajjha, R. S., Das, D. K., e Mahagaonkar, B. M., 2009, "Density Measurement of Different Nanofluids and Their Comparison with Theory," Petroleum Science & Technology, **27**(6), pp. 612-624.

[46] Pak, B. C., and Cho, Y. I., 1998, "Hydrodynamic and Heat Transfer Study of Dispersed Fluids with Submicron Metallic Oxide Particles," Experimental Heat Transfer, **11**(2), pp. 151-170.

[47] Vajjha, R. S., e Das, D. K., 2009, "Specific Heat Measurement of Three Nanofluids and Development of New Correlations," ASME Journal of Heat Transfer, **131**(7), pp. 1-10.

[48] Kulkarni, D. P., Das, D. K., e Vajjha, R. S., 2009, "Application of Nanofluids in Heating Buildings and Reducing Pollution", Applied Energy, **86**(12), pp. 2566-2573.

[49] Sahoo, B. C., Vajjha, R. S., Ganguli, R., Chukwu, G. A., e Das, D. K., 2009, "Determination of Rheological Behavior of Aluminum Oxide Nanofluid and Development of New Viscosity Correlations," Petroleum Science and Technology, **27**(15), pp. 1757-1770.

[50] Das, S. K., Choi, S. U. S., e Patel, H. E., 2006, "Heat Transfer in Nanofluids-A Review," Heat Transfer Engineering, **27**(10), pp. 3-19.

[51] Vajjha, R. S., Das, D. K., e Namburu, P. K., 2010, "Numerical Study of Fluid Dynamic and Heat Transfer Performance of Al2O3 and CuO Nanofluids in the Flat Tubes of a Radiator," International Journal of Heat and Fluid Flow, **31**(4), pp. 613-621.

[52] Vajjha, R. S., Das, D. K., e Kulkarni, D. P., 2010, "Development of New Correlations for Convective Heat Transfer and Friction Fator in Turbulent

Regime for Nanofluids," International Journal of Heat and Mass Transfer, **53**(21-22), pp. 4607-4618.

[53] Vajjha, R. S., e Das, D. K., 2012, "A Review and Analysis on Influence of Temperature and Concentration of Nanofluids on Thermophysical Properties, Heat Transfer and Pumping Power," International Journal of Heat and Mass Transfer, **55**(15-16), pp. 4063-4078.

[54] Vajjha, R. S., Das, D. K., e Ray, D. R., 2015, "Development of New Correlations for the Nusselt Number and the Friction Fator under Turbulent Flow of Nanofluids in Flat Tubes," International Journal of Heat and Mass Transfer, **80**(0), pp. 353-367.

[55] Vajjha, R. S., Das, D. K., e Chukwu, G. A., 2015, "An Experimental Determination of the Viscosity of Propylene Glycol/Water Based Nanofluids and Development of New Correlations," Journal of Fluids Engineering, **137**(8), pp. 081201-081201.

[56] Satti, J. R., Das, D. K., e Ray, D., 2016, "Specific Heat Measurements of Five Different Propylene Glycol Based Nanofluids and Development of a New Correlation," International Journal of Heat and Mass Transfer, **94**, pp. 343-353.

[57] Sarkar, J., 2011, "A Critical Review on Convective Heat Transfer Correlations of Nanofluids," Renewable and Sustainable Energy Reviews, **15**(6), pp. 3271-3277.

[58] Syam Sundar, L., e Singh, M. K., 2013, "Convective Heat Transfer and Friction Fator Correlations of Nanofluid in a Tube and with Inserts: A Review", Renewable and Sustainable Energy Reviews, **20**, pp. 23-35.

[59] Sundar, L. S., Sharma, K. V., Naik, M. T., e Singh, M. K., 2013, "Empirical and Theoretical Correlations on Viscosity of Nanofluids: A Review," Renewable and Sustainable Energy Reviews, **25**, pp. 670-686.

[60] Sharma, A. K., Tiwari, A. K., e Dixit, A. R., 2016, "Rheological Behaviour of Nanofluids: A Review", Renewable and Sustainable Energy Reviews, **53**, pp. 779-791.

[61] Eastman, J. A., Choi, S. U. S., Li, S., Yu, W., e Thompson, L. J., 2001, "Anomalously Increased Effective Thermal Conductivities of Ethylene Glycol-Based Nanofluids Containing Copper Nanoparticles," Applied Physics Letters, **78**(6), p. 718.

[62] Vajjha, R. S., e Das, D. K., 2009, "Experimental Determination of Thermal Conductivity of Three Nanofluids and Development of New Correlations," International Journal of Heat and Mass Transfer, **52**(21-22), pp. 4675-4682.

[63] Bejan, A., 1993, *Heat Transfer*, John Wiley & Sons, Inc., Nova Iorque.

[64] White, F. M., 2005, *Viscous Fluid Flow*, McGraw-Hill Education, Berkshire, UK.

[65] Linstrom, P., 1997, "NIST Chemistry WebBook, NIST Standard Reference Database 69."

[66] "Wiley Online Library," Wiley Online Library [Online]. Disponível: https://onlinelibrary.wiley.com/.

[67] Satti, J. R., 2015, "Studies on Thermophysical Properties of Nanofluids and Their Application in Ground Source Heat Pump," Ph.D., University of Alaska Fairbanks.

[68] Einstein, A., e Brown, R., 1967, *Investigations on the Theory of the Brownian Movement*, Dover Publ, New York.

[69] Khanafer, K., e Vafai, K., 2011, "A Critical Synthesis of Thermophysical Characteristics of Nanofluids," International Journal of Heat and Mass Transfer, **54**(19-20), pp. 4410-4428.

[70] Xuan, Y., e Roetzel, W., 2000, "Conceptions for Heat Transfer Correlation of Nanofluids," International Journal of Heat and Mass Transfer, **43**(19), pp. 3701-3707.

[71] Ray, D. R., Das, D. K., e Vajjha, R. S., 2014, "Experimental and Numerical Investigations of Nanofluids Performance in a Compact Minichannel Plate Heat Exchanger," International Journal of Heat and Mass Transfer, **71**, pp. 732-746.

[72] ASHRAE, 2013, *ASHRAE Handbook: Fundamentals*, American Society of Heating, Refrigerating and Air-Conditioning Engineers, Atlanta, GA.

[73] Prasher, R., Bhattacharya, P., e Phelan, P. E., 2005, "Brownian-Motion-Based Convective-Conductive Model for the Effective Thermal Conductivity of Nanofluids," Journal of Heat Transfer, **128**(6), pp. 588-595.

[74] Koo, J., e Kleinstreuer, C., 2005, "A New Thermal Conductivity Model for Nanofluids," Journal of Nanoparticle Research, **7**(2-3), pp. 324-324.

[75] Maïga, S. E. B., Nguyen, C. T., Galanis, N., e Roy, G., 2004, "Heat Transfer Behaviours of Nanofluids in a Uniformly Heated Tube," Superlattices and Microstructures, **35**(3), pp. 543-557.

[76] Incropera, F. P., ed., 2007, *Introduction to Heat Transfer*, Wiley, Hobokenm NJ.

[77] ANSYS, 2017, "Fluent Academic Research, Release 18.1."

yes
I want morebooks!

Buy your books fast and straightforward online - at one of world's fastest growing online book stores! Environmentally sound due to Print-on-Demand technologies.

Buy your books online at
www.morebooks.shop

Compre os seus livros mais rápido e diretamente na internet, em uma das livrarias on-line com o maior crescimento no mundo! Produção que protege o meio ambiente através das tecnologias de impressão sob demanda.

Compre os seus livros on-line em
www.morebooks.shop

Printed by Books on Demand GmbH, Norderstedt / Germany